装备试验风险管理与评估

张　鑫　孟卫锋　武　杰　何华锋　周　涛　编著

西北工业大学出版社

西　安

【内容简介】 本书以国内外技术资料为基础，融入作者最新的研究成果，全面论述武器装备研制风险分析、风险识别、风险评估和风险管理领域的有关问题。

本书可供从事武器装备研制生产和武器装备采办的项目管理人员、系统设计人员、工艺装备和试验设备设计人员、工艺设计人员、制造管理人员、检测和试验管理人员、物资管理人员、成本管理人员、人力资源管理人员等阅读，也可供高等学校项目管理、系统工程、装备管理、制造系统工程、生产管理等相关专业师生参考和借鉴。

图书在版编目(CIP)数据

装备试验风险管理与评估 / 张鑫等编著. — 西安 ：西北工业大学出版社，2023.5

ISBN 978-7-5612-8756-9

Ⅰ. ①装… Ⅱ. ①张… Ⅲ. ①武器试验-风险管理-研究 ②武器试验-风险评价-研究 Ⅳ. ①TJ01

中国国家版本馆 CIP 数据核字(2023)第 110246 号

ZHUANGBEI SHIYAN FENGXIAN GUANLI YU PINGGU

装 备 试 验 风 险 管 理 与 评 估

张鑫　孟卫锋　武杰　何华锋　周涛　编著

责任编辑： 高茸茸　　**策划编辑：** 杨　军

责任校对： 朱辰浩　　**装帧设计：** 高永斌　李　飞

出版发行： 西北工业大学出版社

通信地址： 西安市友谊西路 127 号　　邮编：710072

电　　话： (029)88491757，88493844

网　　址： www.nwpup.com

印 刷 者： 西安五星印刷有限公司

开　　本： 720 mm×1 020 mm　　1/16

印　　张： 8.875

字　　数： 164 千字

版　　次： 2023 年 5 月第 1 版　　2023 年 5 月第 1 次印刷

书　　号： ISBN 978-7-5612-8756-9

定　　价： 59.00 元

前　言

本书系统论述了装备试验中涉及的风险分析、风险识别、风险评估和风险管理领域的相关问题。

在风险分析方面，对装备试验过程中的风险进行了定义，给出了技术风险、费用风险和进度风险的常用计算方法，对基于项目研制网络图的风险评审技术（Venture Evaluation and Review Technique，VERT）进行了详细的剖析，解决了项目研制中常用的分布计算问题，同时应用层次分析法（Analytic Hierarchy Process，AHP）进行了案例式风险分析。

在项目风险管理方面，详细分析了装备试验过程中的风险管理流程，介绍了美军试验风险管理的现状，并提出了装备试验风险管理的建议供读者参考。

本书内容不仅包含风险分析与评估的基本理论和基础内容，而且尽量反映风险评估领域内的最新科学技术和学术动态。本书的特点是在编排上将风险分析和风险评估知识分别进行论述，既介绍基础理论，也介绍实现的技术及方法，使两者有机结合。全书共5章，其中张鑫负责第1章和第3章内容的编写，孟卫锋负责第4章和第5章内容的编写，武杰负责第2章内容的编写。火箭军工程大学的何华锋教授和周涛副教授审阅了全书并提出了宝贵意见。

在编写本书的过程中，借鉴了大量中外文献资料与研究成果，在此向其作者表示衷心的感谢！同时，向在编写本书过程中给予大力支持的专家、学者致以崇高的敬意！

由于水平有限，书中若有不当之处，诚望指正。

编著者

2023年2月

目　　录

第1章　装备试验概述

"凡兵,天下之凶器也"。自人类社会出现战争和军队以来,军事装备就是战争的工具,是构成军队及其战斗力的基本要素之一。随着军事装备的不断发展及其在国防、军队建设和军事斗争中地位及作用的日益提高,世界各国军队都高度重视和加强军事装备建设。

装备试验,作为军事装备全寿命过程中的一项重要工作,发挥着越来越重要的"试金石"作用。根据百科全书的解释,"试验"是为了了解某物的性能或某事的结果而进行的尝试性活动。例如,耐压试验等。因此,装备试验这一客观活动,从产生、发展到现在,人们对其已经有了大体相通的认识和称谓,但是,还必须看到在大体相通的认识和称谓中仍存在着一些差异。我们必须从构建军事装备试验理论体系的高度,剖析概念、明确任务、分析特点和地位作用,以进一步引导装备试验鉴定向更高层次的创新发展。

1.1　装备试验分类

装备试验是为满足装备科研、生产和使用需求,按照规定的程序和条件,对装备进行验证、检验和考核的活动。从不同的角度出发,装备试验有多种分类方法。例如:按试验目的分,可以分为针对装备技术性能考核的试验,针对作战适用性和作战效能的试验,针对生存性、网络安全性等装备特定性能的试验等;按试验鉴定活动的组织和运行方式分,可分为一体化联合试验、并行试验、分布式试验等。

1.1.1　按试验性质(目的)分类

狭义的装备试验,是装备科研的一个重要环节,可分为科研试验、定型试验和鉴定试验。广义的装备试验,是指装备全寿命周期试验,不仅包括科研试验、定型试验和鉴定试验,还包括作战试验、抽检试验等。

当前,针对装备全寿命周期内的不同阶段以及状态鉴定、列装定型、改进改型等不同目的,我军将装备试验分为性能试验、作战试验和在役考核三大类别。这是我军装备试验鉴定工作全面履行装备试验鉴定使命任务,适应全军装备发展建设新形势,立足我军实际,借鉴外军经验,着眼今后的发展要求,对我军装备试验鉴定工作做出全面深度的改革创新,是当前我军装备试验鉴定的主要分类方式。各类装备在全寿命周期内,均组织开展性能试验、作战试验和在役考核三类试验,构成三个试验鉴定环路,相应地完成状态鉴定、列装定型,并给出后续改进改型的意见、建议。

1.1.2 按装备技术特性分类

装备试验按照被试装备的技术特性可分为常规装备试验、电子信息装备试验、战略装备试验、航天装备试验以及新概念武器试验等。常规装备试验包括飞机、舰艇、陆上、战术战役导弹等装备试验,电子信息装备试验包括预警探测、网络攻防、电子对抗装备试验鉴定、信息系统、车用软件等装备的试验,战略装备试验包括核武器、战略导弹和核潜艇等及其附属装备的试验,航天装备试验包括人造卫星(侦察、电子、通信、气象、导航、资源卫星等)、无人飞船、载人飞船、航天飞机、空间站等的试验,新概念武器试验包括动能装备、定向能装备、地球物理装备、软杀伤装备、计算机病毒武器和基因装备等的试验。

1.1.3 按试验对象层次分类

装备试验按照试验对象的层次分为单装试验、体系试验和一体化联合试验等。单装试验的对象通常是结构和工艺基本固定的样车(机);体系试验的对象是成建制编配组成的、功能完备的装备系统;一体化联合试验的对象是装备组成完整作战体系后,融入由多军兵种、多类型作战系统组成的多维作战体系中的装备体系。

1.1.4 按试验内容分类

装备试验按照试验的内容分为作战效能试验、作战适用性试验、体系适用性试验、在役适用性试验等。作战效能试验主要对射击效能、突防效能、侦察效能、通信效能特定系统或系统的特定功能进行综合度量,作战适用性试验主要对环境适应性、运输适应性、装备安全性、装备维修性等关键共用指标进行考核,体系适用性试验主要围绕装备(装备体系)之间信息融合、体系融合、体制融合以及互通复用等适用能力考核体系融合度、体系贡献率等关键共用指标，在役适用性试验主要围绕装备在役期间与操作人员相适应、与部队条件相适应、与全寿命成本相适应考核质量稳定性、部队适应性、服役期经济性等关键共用指标。

1.2　装备试验靶场介绍

随着国家武器装备建设与军事工业的迅猛发展，加速显现出的各种复杂制约关系导致专业和职能的重新划定，开始出现装备研制与装备试验两大部门的分离。从 20 世纪 50 年代开始，大批专业化程度较高的武器试验场不断涌现。现代武器装备的技术含量越来越高，装备试验的要求越来越严格，试验的规模和手段开始趋于全面、复杂，极大地推动着装备试验迅速演变成为一个相对独立的科学领域，鉴定技术也得以快速发展。

1.2.1　美军试验靶场

经过近百年的发展，美军逐步建立了完善的试验靶场体系，满足了多样性武器装备采办对试验鉴定的需求，形成了全面、综合的试验能力，对武器装备发展起到了重要的促进作用。

1. 体系构成

美军靶场体系包括国防部重点靶场、军种和政府部门靶场，以及承包商、研究机构和院校靶场等。其中，国防部重点靶场是构成靶场体系的主体，是考核各类武器装备战术技术指标，检验武器效能、适用性和生存能力，开展武器装备作战演训的重要场所。多数国防部重点靶场具备综合靶场的性质，可完成多样化的试验与训练任务。军种和政府部门靶场作为装备试验靶场体系的重要补充，主要开展本军种和本部门装备的试验和作战训练。承包商、研究机构和院校靶场是靶场体系的一个必不可少的组成部分，用于开展武器装备方案选型、探索研究、先期开发、工程制造等研制试验。美军靶场体系如图 1.1 所示。

2. 靶场建设基本情况

美军的众多靶场根据不同的职能分工，在装备试验鉴定中发挥着不同的作用。

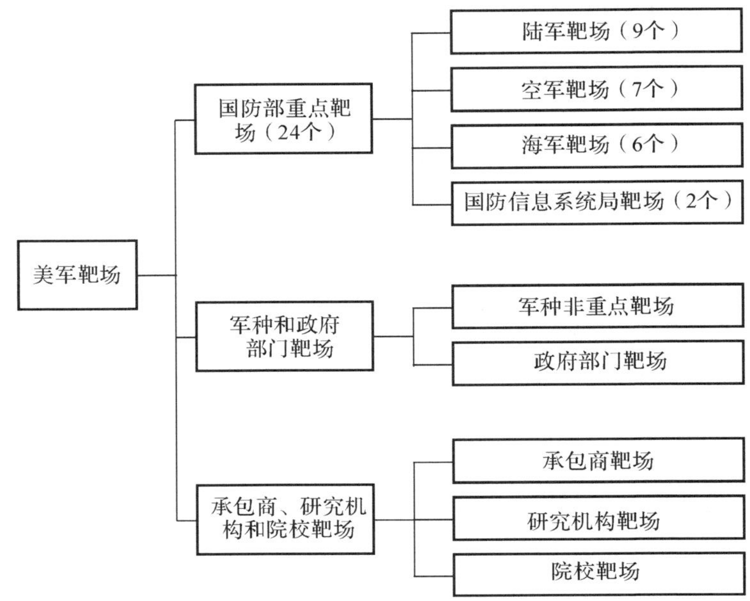

图 1.1　美军靶场体系

(1)国防部重点靶场。美军重点靶场由国防部集中监管，设试验资源管理中心对重点靶场能力建设进行长远规划和专项投资，并对靶场年度建设进行审查和评估，各军种和业务局负责运行和维护。

20 世纪 70 年代以前，美军靶场由各军种自行建设、分散管理，先后建成 80 多个靶场。1970 年之后，为协调和加强试验资源的统一管理，减少不必要的重复建设，美国国防部对政府拥有的试验靶场和设施进行了全面整合，指定白沙导弹靶场等 6 个靶场为国家靶场，进行重点投资与建设。1974 年，美国国防部根据各靶场的试验能力和试验需求对各军种的靶场再次进行了整合，选定陆军、空军各 9 个，海军 8 个，共 26 个靶场为国防部重点靶场。20 世纪 90 年代，美军对重点靶场进行了削减，到 2002 年，重点靶场数量一度削减为 19 个，后经几次调整，目前重点靶场数量恢复至 24 个。

(2)军种和政府部门靶场。军种靶场由美国国防部各部局(陆军、海军、空军及信息系统局)进行管理，主要用于本军种组织实施各类试验活动，如陆军的航空技术试验中心、红石技术中心以及作战试验司令部下属各试验分部的靶场等。政府部门靶场由美国联邦政府、州和地方管理，可为美国国防部提供特有的试验能力，如风洞等高成本的基础设施。

(3)承包商、研究机构和院校靶场。承包商、研究机构和院校根据项目试验需要,也建有相应的专业试验设施,如波音公司博德曼试验场、通用动力公司亚利桑那州汽车沙漠试验场、密歇根州米尔佛德试验场等。

3. 新型靶场建设情况

为适应未来战争形态对靶场的要求,满足网络战和联合作战给装备试验带来的新挑战,从 20 世纪 90 年代中期美国陆军提出虚拟靶场概念开始,美军不断推出新的靶场概念。创新型靶场丰富了传统靶场的试验模式和试验内容,通过与现有试验能力的结合,使得美军靶场体系更加完善,试验能力得到有效提升。

(1)国家网络靶场。2008 年 5 月,美国国防高级研究计划局(Defense Advanced Research Projects Agency,DARPA)发布了关于开展“国家网络靶场”项目研发工作的公告,要求国防部各业务局和工业部门就国家网络靶场的初步概念设计提出建议。该计划于 2009 年正式启动,建设目标是:能够在逼近实战的条件下,对网络空间作战能力进行精确的试验与评估;能够针对美军武器系统及作战应用,为网络试验构建复杂、大规模和不同种类的网络空间模型和用户模型。2012 年,美国国家网络靶场基本建成,移交试验资源管理中心管理。2014 财年,美国国家网络靶场支持 22 项重大国防采办项目,以及训练和作战演习任务,例如美国作战试验鉴定局和美国网络司令部资助的分布式网络训练项目。国家网络靶场的建成大大提升了美军网络作战试验的能力,加速了网络作战能力向作战人员的交付,同时也为美军实施网络作战的战法与战术演练提供了逼真的训练环境。

(2)联合任务靶场。有关逻辑靶场的研究曾是美军在 20 世纪 90 年代末靶场概念研究与探索的热点之一,并一直延续至如今仍在大力开展的“联合任务环境试验能力”计划。为保证新系统或能力能够有效地融入联合作战体系,同时解决新系统或能力对整个体系在联合作战任务贡献度的试验鉴定问题,美军于 2006 年启动了“联合任务环境试验能力计划”,将多种真实、虚拟与构造(LVC)的试验站点与能力连接在一起,在一个分布式的环境中对系统或系统之系统(或体系化装备)进行试验。2007 年,美军又启动了“联合试验鉴定方法”工程,为联合任务环境试验的规划与实施提供标准的方法与规程。截至 2016 年年底,联合任务环境试验鉴定基础设施已经连接了 115 个网络站点,主要包含以下四类:一是国防部重点靶场,二是隶属于陆军、空军、海军和海军陆战队的军事基地,三是国防工业部门的武器试验场,四是相关院校和研究所。该计划已支持多项联合试验与训练任务，包括“综合火力”“联合攻击战斗机试验”“联合电子战评估试验与鉴定”“红旗-阿拉斯加演习”等。

1.2.2 法军试验靶场

法军装备试验靶场管理实行国防部集中统管、分领域建设实施的模式。法军国防部武器装备总署下设试验鉴定局，全面负责武器装备全寿命周期各个阶段的技术性能试验鉴定工作，对试验中心能力建设进行规划，并对全军试验资源建设与使用进行统筹协调，以加强试验鉴定能力建设，提高试验资源利用效率，确保试验能力适应武器装备的发展。

法军靶场体系包括飞行试验中心、导弹试验中心等 13 个按照专业分工建设的试验中心，由国防部试验鉴定局管理，有偿承担各类武器装备试验任务，所需经费视任务性质而定，定型试验经费从项目经费支付，其他试验经费由任务提出单位支付。法军靶场体系如图 1.2 所示。

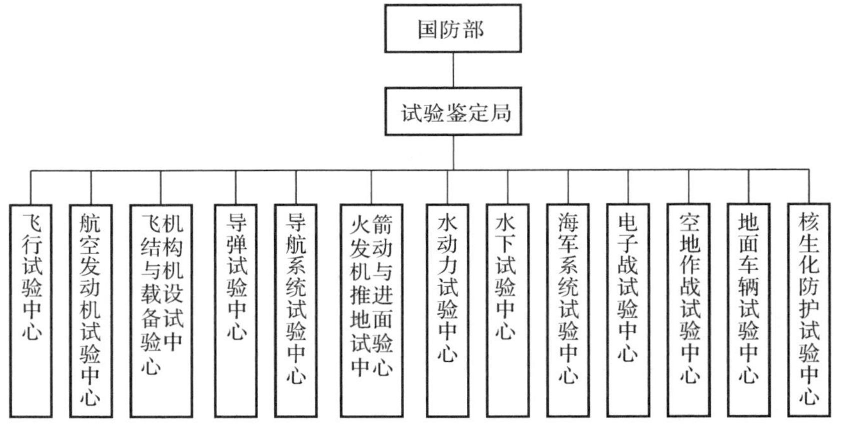

图 1.2 法军靶场体系

1.2.3 德军试验靶场

德军装备试验靶场管理也实行国防部集中统管、分领域建设实施的模式。德军拥有飞机与航空装备技术中心、武器与弹药技术中心等 6 个按专业分工建设的国防技术中心，由国防部装备、信息技术与使用保障总署统一管理，承担坦克、飞机、舰船、单兵装备等武器装备的试验任务。国防部装备、信息技术与使用保障总署具体负责武器装备的研发、试验、采办及使用管理，组织开展武器装备技术试验、工程试验、部队试验和后勤试验等，为武器装备采办提供支持。德军靶场体系如图 1.3 所示。

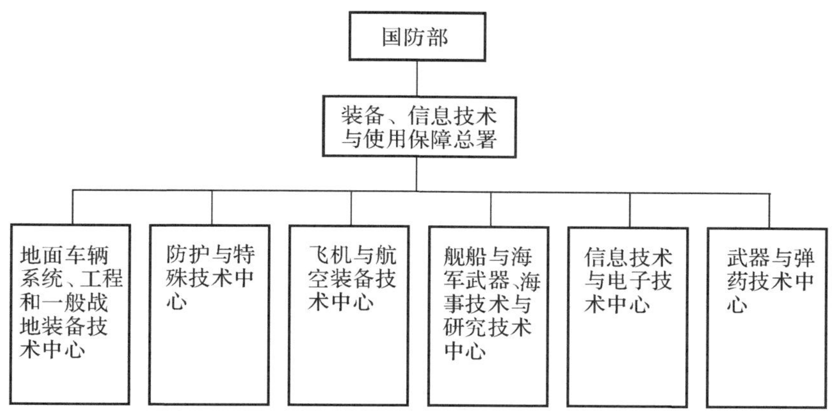

图 1.3　德军靶场体系

1.2.4　英军试验靶场

英军武器装备试验靶场管理实行国防部集中监管、私有化运营的模式。英军武器装备试验靶场包括国防部的 17 个重点靶场和各军种的试验训练靶场，由国防装备与保障总署负责监管。重点靶场归军方所有，私有化的奎奈蒂克公司通过与国防部签订“长期合作协议”负责靶场的运行和维护，并承担武器装备试验任务；各军种拥有自己的试验训练靶场，主要负责武器装备列装后的试验、训练和战术研究，由各军种负责管理与使用。英军重点靶场管理体制如图 1.4 所示。

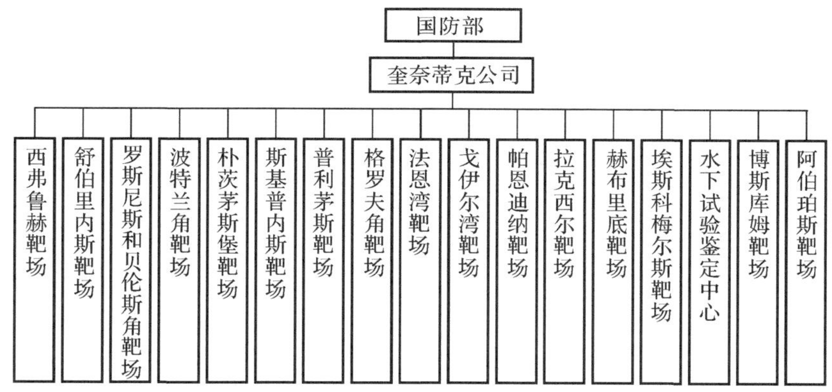

图 1.4　英军重点靶场管理体制

第2章 装备试验风险

风险广泛存在于现实生活中的各个领域，人们的背景和知识储备的不同，直接导致其对风险的认识与分析角度的不同。装备试验也脱离不了风险。

2.1 风险的定义与度量

在绝大多数风险分析中，通常考虑两方面的内容：风险发生的可能性和风险发生的后果。然而，在不同领域中侧重点不同，例如：金融领域一般用损失或收益的方差大小表示风险，侧重考虑出现损失的可能性的大小；保险行业则同时考虑不确定性后果发生的可能性大小和损失的严重程度。

2.1.1 风险的定义

一般来说，风险是在特定环境和时间段内，实际结果相对于预期结果的不确定性。更通俗地讲，风险是不确定性对目标的影响，用函数形式可表示为

$$R=F(P,C) \tag{2.1}$$

其中：R 为风险；P 为发生概率；C 为偏离目标的后果。

在复杂装备研制工程中，决策者更关注达不到预定目标的情况，即损失的大小。

2.1.2 风险发生机制

根据风险的产生机理，风险因子诱发风险事件，同时，当风险事件爆发时，不同的条件会造成不同的风险损失后果。为方便后面进行风险识别和风险传导建模研究，这里有必要对风险因素、风险事件以及风险损失等术语进行介绍。

(1)风险因素。风险因素是指产生或影响风险事件并造成相应后果的要素。按照可见性,风险因素可分为有形的和无形的两类。有形的风险因素通常表现为可见的因素,如不满足要求的产品、恶劣的天气等。无形的风险因素通常表现为认知因素,如个人道德因素产生的欺诈,无意识造成的不谨慎、疏漏等。

(2)风险事件。风险事件是指直接引起损失的随机事件。它具有损害性和不确定性,如汽车制动失灵、飞机被鸟击中、油料泄漏等都属于风险事件,它们的发生对相关的人或物造成损害,并且事件具有不确定性,无法事先确定。

(3)风险损失。风险损失是风险事件产生的后果。在复杂装备研制过程中,项目目标通常由性能、进度、费用、安全等组成,相应的风险表现为达不到这些目标的程度及对应的可能性。显然,风险因素是导致风险损失的内在原因,风险事件则是造成风险损失的外在表征,风险因素通过风险事件起作用。

2.1.3　风险的度量

由于对风险的定义不同,风险的度量也有不同的形式。其中,应用较为广泛的主要有以下 4 种风险度量方式。

(1)方差。设项目 A 的收益为 e,且 e 的概率密度函数为 $f(e)$,期望为 e^*,则方差 σ^2 为

$$\sigma^2 = \int_{-\infty}^{+\infty} (e - e^*)^2 f(e)\,\mathrm{d}e \tag{2.2}$$

当以方差为指标衡量风险的大小时,方差越大,则风险越大。

(2)自方差。当关注的重点为可能的损失时,可以用自方差 s^2 度量风险。ε 为预先设定的收益临界值,即收益小于 ε 的部分为风险,可表示为

$$s^2 = \int_{-\infty}^{\varepsilon} (e - \varepsilon)^2 f(e)\,\mathrm{d}e \tag{2.3}$$

(3)临界概率。临界概率描述收益小于临界值 ε 的概率,其定义为

$$P(e < \varepsilon) = \int_{-\infty}^{\varepsilon} f(e)\,\mathrm{d}e \tag{2.4}$$

(4)Fishburn 定义。这种定义结合了自方差和临界概率的定义,可表示为

$$R(A) = \int_{-\infty}^{\varepsilon} (\varepsilon - e)^{\lambda} f(e)\,\mathrm{d}e \tag{2.5}$$

当 $\lambda=2$ 时,式(2.5)就是自方差;当 $\lambda=0$ 时,式(2.5)就是临界概率。

2.2 风险传导机理

风险传导的实质是将风险看成一个实体，风险之间的联系就是实体之间的影响，这种影响主要体现为一种因果关系，即一个风险会导致另外某个或某些风险的发生。

2.2.1 多米诺骨牌理论和能量释放理论

国内学者李存斌等人将风险传导关系用数学方法定义为：对于目标风险 y 和初始风险 x_i 之间有某种对应关系 f，使得初始风险 x_i 满足目标风险 $y=f(x_i)$，则称 $x\rightarrow y$ 的变化过程为风险传导，对应关系 f 称为风险传导函数。

有多种理论可以表示这种传导机理，经典理论有多米诺骨牌理论和能量释放理论。

1. 多米诺骨牌理论

20 世纪 30 年代初，Heinrich 提出了多米诺骨牌理论。该理论指出风险的发生过程可分为五个步骤，如图 2.1 所示。

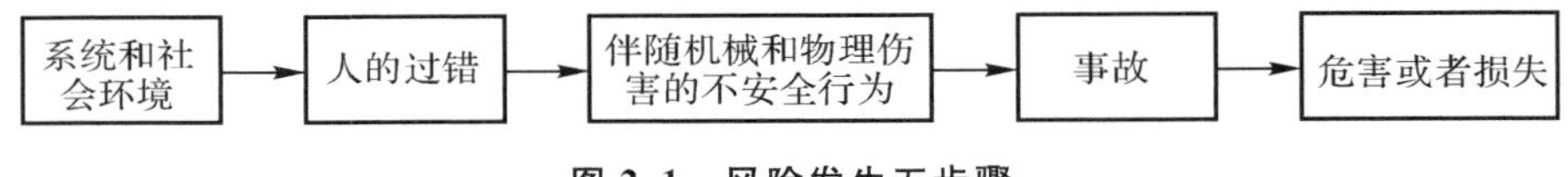

图 2.1 风险发生五步骤

多米诺骨牌理论的核心是通过去除关键步骤进行风险管理，如当多米诺骨牌开始坍塌时，抽取掉中间的一些牌就能阻止其之后的塌陷。该理论潜在假设风险事件逐一线性传导，最终结果是某一风险事件的必然后果，因此很难解释风险因素和风险事件的复杂因果关系，也导致其在进行一些不规则风险因素量化建模时适用性较差。

2. 能量释放理论

能量释放理论由 Haddon 于 1966 年创立。该理论提出利用风险能量的概念来描述和分析疾病与灾难等的防控，并取得了不错的效果。此后，Haddon 矩阵越来越广泛地应用于社会、医学和灾害防控等风险管理方面，获得了广泛的肯定。

能量释放理论是一种定性风险分析方法，核心思想是通过分析风险发生前、发生时和发生后的环境，承受者及风险能量源的状态改变的情况，建立起Haddon矩阵，进而分析风险能量源与风险结果之间的关系，最后给出风险控制的相关建议。

能量释放理论认为，当系统所接受的能量超过其承受范围时，风险便会发生，风险承受者因此遭受损失。该理论包括3个基本要素：风险环境X、风险承受者Y、风险能量源E，它们的相互关系是$X \rightarrow \begin{cases} Y \\ E \end{cases}$。在此对应关系描述中，$X$、$Y$和$E$的关系式只是定性分析的方式，没有定量分析的相关数学模型。

Haddon矩阵是能量释放理论的主要工具，形式见表2.1。

表2.1 Haddon矩阵

基本要素	事件所处阶段		
	事件发生前	事件发生时	事件发生后
风险环境（X）	Fore-X	Cur-X	After-X
风险承受者（Y）	Fore-Y	Cur-Y	After-Y
风险能量源（E）	Fore-E	Cur-E	After-E

当只存在单个能量源时，考察X、Y和E在不同时期的特征。若X在各个时期的变化不大，则认为E是直接影响Y的因素，而与X的关系不大，可得出E和Y之间的关系；再进一步比较Y和E在不同时期的对应关系，便可得出E影响Y的主要阶段。若X在各个时期的变化较大，则认为E在影响Y时，存在改变X的现象，可以通过改变X的状态来限制E对Y的作用。

当存在多个能量源时，需要建立对应的多个Haddon矩阵，进行两两比较，比较能量源A和B作用下X和Y在不同时期的特征，得出主能量源，然后按照上述方法进行风险控制。

能量释放理论的主要局限在于缺乏定量分析工具，不适合建立定量的风险分析模型，导致其结果的可信度较差。

2.2.2 风险传导的因素

风险传导的因素包括风险源、风险产生者、风险传导的载体、风险流、风险接受者和风险阈值。

1. 风险源

风险源是研究风险传导的出发点，后续风险之所以能产生是因为有风险源的存在，它本身也是风险，是影响目标实现的不确定性因素，主要包括系统内部或者外部环境的不确定性变化。

2. 风险产生者

风险产生者是研究传导的一个区域时的最初风险，而风险源是整个研究问题的最初风险。风险产生者可能是在接收其他地方传导过来的风险之后，再将风险向其能影响的地方传导出去。

3. 风险传导的载体

(1)风险传导载体的内涵。在风险传导的过程中，由于事物的普遍联系，风险会依附于某些物体(载体)，在风险网络中按照某种线路进行流动影响(可称为风险能量流)。因此，风险网络中那些承载或传导风险能量流的事物就是风险传导载体，如信息、技术、人才、材料、产品等，它们是风险传导载体内涵最突出的体现。

(2)风险传导载体的分类。风险传导载体可以按照载体的形式和层次进行分类。

1)按照载体的形式分类。按照形式，风险传导载体可分为显性传导载体和隐性传导载体，如图 2.2 所示。

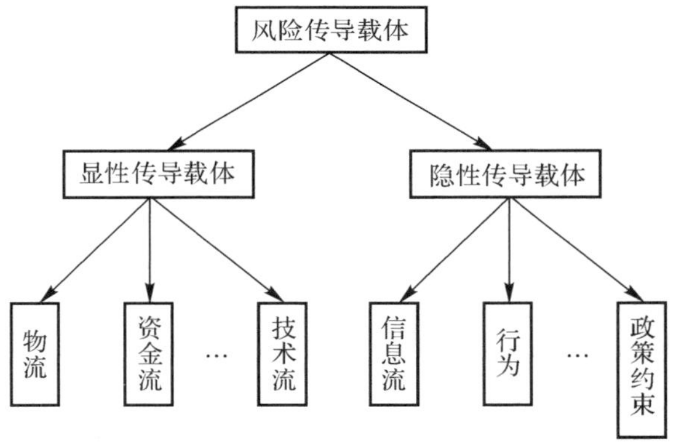

图 2.2　按照载体的形式分类

2)按照载体的层次分类。按照层次，风险传导载体可分为微观和宏观两大类，主要依据载体所承载的风险源在系统内部还是外部而划分。微观传导载体是指对系统内部的风险进行传导的载体；宏观传导载体是指将外部环境中的风险传递给系统，并对系统的正常运营造成不利影响的载体，如图 2.3 所示。

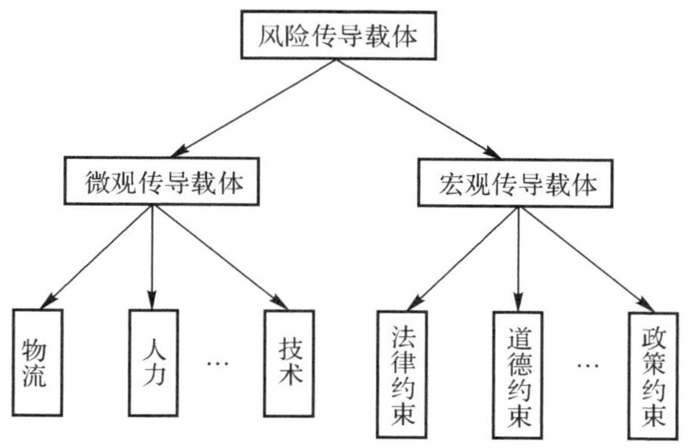

图 2.3　按照载体的层次分类

4. 风险流

风险传导具有流动性等形象特征，为更好地描述系统风险的传导规律，可以将风险看作一种能量，能量越大，风险越大。风险能量存在于风险源当中，由于内外环境的影响，风险能量从风险源中迸发出来，通过风险载体的传导，向系统的各个节点不断蔓延，到达系统节点之后，与节点内部的风险能量汇合交融改变节点的状态，最终导致风险事件并引发相应的风险损失。这种风险能量又称为风险流。

5. 风险接受者

风险接受者与风险产生者对应，是风险传导后吸收的地方。如果没有风险接受者，风险传导就无从谈起，因为这时风险就没有完整的流动链。

6. 风险阈值

风险阈值是指某一时刻风险接受者能承受风险的最大值。当风险接受者无法容纳这个风险时，风险便会溢出到与之相关的其他节点，在风险载体的承载下，在系统内部流动和蔓延，形成风险在系统中动态流动的现象。

2.2.3　风险传导的基本结构

风险传导尽管路径复杂，但通常由若干基本传导结构组成，通过分析这些基本传导结构，可以构建复杂系统中的风险传导分析模型。一般来说，风险传导存在 4 种基本结构，现实中的风险传导网络最终都可以通过这 4 种基本结构组合而成。

1. 串行传导结构

串行传导结构是指风险的传导结构形成链式，风险是按照节点的先后顺序依次进行传导并进行影响的，如图 2.4 所示。

图 2.4 风险的串行传导结构

2. 并行传导结构

并行传导结构是指多个风险并行进行传递，而这些风险因素相互之间不影响，如图 2.5 所示。

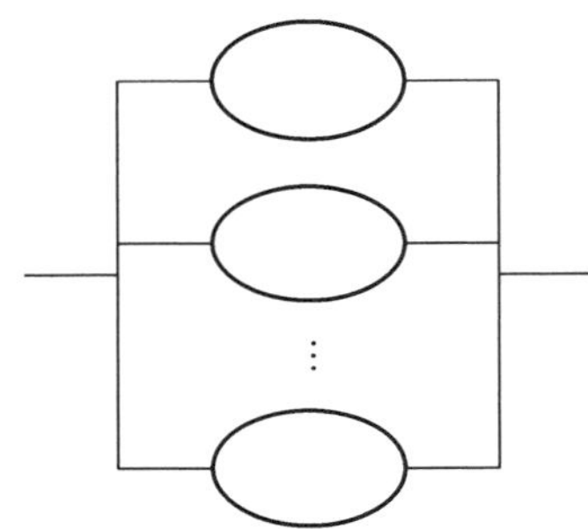

图 2.5 风险的并行传导结构

3. 与型传导结构

与型传导结构表示下层节点的所有风险必须同时传递给上层风险，同时对上层风险有影响，如图 2.6 所示。

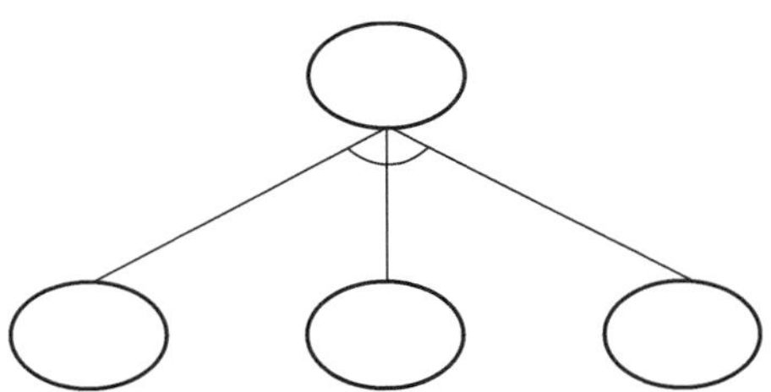

图 2.6 风险的与型传导结构

4. 或型传导结构

或型传导结构表示只要下层风险节点有一个风险发生，其风险就可以传递到上层的风险节点，而不用等下层其他风险节点的风险发生，如图 2.7 所示。

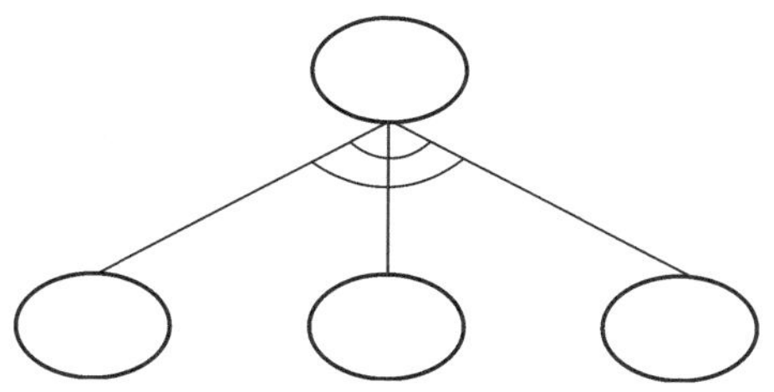

图 2.7 风险的或型传导结构

如果风险事件用一个随机变量刻画，那么以上 4 种基本结构可以简化为 3 种情况，分别是顺连关系、分连关系和汇连关系，风险事件间的传导关系可用若干条件概率分布来描述，整个风险传导网络就可以用一个因果贝叶斯网络来表达。

2.3 装备研制中的风险问题

装备研制是一个庞大而复杂的系统工程：从技术上讲，是具有复杂结构的技术体系；从时间上讲，是从设想到实践的具有复杂系列关系的连续过程。

2.3.1 装备研制中风险存在的客观性

科学技术的发展，使得现代武器装备向着高效、自动、多功能的方向发展，现代装备发展的这种趋势，必然要运用各方面的最新科技成就，使得其复杂程度不断增加。此外，研究与研制本身具有不同程度的探索性，存在着种种不可预见的因素，而且装备的研制还受到国际、国内环境和可能利用的技术等因素的制约，这就意味着可能有技术上的反复和局部的失败，如科研方案随着工作的深入而进行的必要的修正，随着时间的推移而增加新技术的采用等，因此出现意外是难免的。同时，国家财力和政策等客观条件的限制与装备建设需求的矛盾要求以尽可能少的投入研制出尽可能多的产品来装备部队，因此，装备研制的费用和进度等方面也有很大的压力。总之，在装备研制中，风险是客观存在的。

2.3.2 技术风险源

由于装备种类繁多，技术领域跨度很大，不可能针对每一个系统考察开列风险源，只能针对其中的共性部分展开分析。在前述分析的基础上，经过仔细的辨识，得到以下经典的风险源。

(1)重大的技术发展水平进展。可能出现因高出预期技术发展水平进展幅度而导致偏离原计划工程项目的问题。这些问题包括：①要满足的要求很复杂或很困难；②只有一部分工艺技术经过验证；③缺乏类似工程项目的工作经验；④需要特殊资源；⑤工作环境恶劣；⑥指标要求的理论分析；⑦与现有技术的差异程度；⑧指标不明确或不具体。

(2)过量的技术发展水平程度。可能因超出原定先进的技术发展水平的技术和开发区或数目而偏离原计划的工程项目。

(3)技术发展水平的进展速度。推进技术发展水平的进展速度低于预期进展速度可能会对原计划的工程项目产生影响。

(4)缺少对技术发展水平进展的支持。预期从其他工程项目能得到的技术发展水平进展可能实现不了，因而可能对现在的工程项目产生明显影响。

(5)系统过于复杂。试图实现过于复杂的系统将导致管理难度增大和设计反复增多，因而预期的目标很难实现。

(6)不成熟的工艺。那些原计划采用的现代化工艺所预料不到的不成熟性可能对工程项目产生不利影响。

(7)工作环境。系统可能要在一般认为是较严酷的环境下工作，如在海上长期暴露的环境下工作，而项目研制一般是在陆地上进行的，这种环境差异有可能给工程项目带来问题。

(8)特有的要求。现有设计技术和新系统设计技术之间差异很大，可能造成偏离新系统的计划。

(9)物理特性。若动力、应力、热力或振动等物理特性要求与原预定要求不同，则原计划的工程项目有可能实现不了原定目标。

(10)材料特性。对材料特性要求超出正常期望要求时，有可能影响原计划的工程项目。

(11)抗辐射要求。提高系统在特殊条件下的抗辐射应力要求有可能要更改工程项目的原计划。

(12)建模正确性。进行数学和物理预测时使用的模型可能包含一些不精确的地方(这可能取决于很多因素),会影响工程项目。

(13)试验结果不一致。试验结果不一致可能导致技术风险增大并需要重新试验,从而导致更多的问题。

(14)试验设施相容性。在规定的时间内如无合适的试验设施可用,会造成严重的进度滞后等问题。

(15)外推要求。在工程项目进行期间,要求利用外场试验结果做大量的外推,可能会妨碍对实际部署条件下的工程项目的评估。

(16)综合/接口。新的或特有的设计适应性、兼容性、接口标准、互用性等可能形成与原计划的工程项目不相容的局面。

(17)生存性。对核防护、化学生存性等方面提出的新要求可能需要修改规划,以达到原定的或新的目标。

(18)软件设计。独特的软件测试要求和不能令人满意的软件测试结果可能会使基本的计划工程项目产生变化。

(19)软件语言。一种新的计算机语言或者一种对于为大多数主管计算机做软件规划和编制软件的人来说所不熟悉的计算机语言可能会改变原计划工程项目的整个前景。

(20)可靠性。达不到正确预测系统可靠性或得不到预计的可靠性增长,有可能使工程项目偏离其理想状况。

(21)维修性。通过与经验证的维修性程序相适应的设计得不到理想的维修性能,就有可能要更改维修方案。

(22)可靠性等指标要求不切实际。在工程项目展开前提出不切实际的可靠性和维修性要求会导致设计反复过多,从而直接增加设计和研制费用,延误项目进度,其间接影响是项目后续阶段亦会出现相关问题。

(23)故障检测。故障检测技术可以验证未达到设计性能并要求更改的工程项目。

2.3.3　装备研制中风险的变化趋势

在装备研制过程中,风险度和不确定性随着论证设计的迭代过程而逐渐减小。在最初的几个论证阶段中,所提出的问题定性的较多,有些虽是定量指标,一般来说也是比较粗略的。随着研制工作的进展,经过深入的设计计算和试验验证等,定量指标越来越多、越来越确定,到试制结束之前,已经获得最丰富和最准确的数据,风险度和不确定性最小。

2.3.4 国外武器装备研制风险分析及管理的有关情况

1. 高层管理活动及出版物

早在1969年，当时任美国国防部副部长的戴维·帕卡特在向诸军种提交的一份备忘录中就指出：风险评估是系统采办中的一个重要问题，在制定采购战略时，除从军事战略和资源方面考虑外，还应考虑技术手段，包括设计、试验、技术鉴定以及风险管理的各个环节，如采用什么技术、如何控制风险度等。同时，还要对采购计划、采购管理进行风险分析，包括技术、费用和进度等诸方面的风险。

1981年，美国国防部副部长弗兰克·卡卢奇公布了一份名为“Improving the Acquisition Process”的备忘录，提出了32项创议(后来成为著名的卡卢奇创议)，目的是改进采办过程和方式，其中创议11要求国防部采取行动，提高武器系统采办工程项目预算中技术风险的可见度。

1983年，美国防务系统管理学院出版了风险评估技术指南的读物，该指南于1989年修订后再版，定名为*Risk Management：Concepts and Guidance*，是该学院培训型号管理人才的必用教材。1995年，该指南再次修订，对风险评估、风险管理等内容进行了充实、完善，并正式定名为*Risk Management Guide for DOD Acquisition*。这期间，防务系统管理学院并入了美国国防采办大学(Defense Acquisition University)，该书仍为美军培训型号管理人才的必用教材之一。

1986年，美国审计总署颁发了题为“Technical Risk Assessment：The Status of Current DOD Efforts”的报告，其中考察了25个工程项目办公室所用的风险评估方法。以美国海军为例，1986年3月，美国海军部提交了名为“Technical Risk Assessment：Staying Ahead of Real-Time，Technical Problems Visibility and Forecasts”的报告，对舰船装备研制中的技术问题透明度及预测问题进行分析，提出了针对工程项目的预定指标评价技术进展的若干度量指标。

随着美军采办改革的深化和新型采办模式的广泛应用，在给项目主管和承包商更多自主权和灵活性的同时，也使装备发展面临着更大的风险。为此，美军在2003年的5000系列文件中，提出“基于知识的采办”策略，更加强调国防采办中的风险管理和控制。文件规定，项目主任应在采办过程的关键时刻提供有关系统的关键知识，在国防采办全过程实行风险管理和控制。新版的

5000 系列文件要求在项目启动前，项目主任应采取专门措施减少技术风险，在相关环境中进行技术演示验证，确定备选技术方案；在系统开发与演示验证阶段，要降低系统集成风险，审查设计准备状态，评估设计的成熟程度，合格者予以放行；在全速生产前，要通过低速初始生产和初始作战试验与鉴定，对生产能力进行演示验证，以降低制造风险。

2. 研制活动管理

上述高层管理活动及相应出版物对美国武器装备的研制和生产产生了深远的影响。有关资料介绍，美国海军在舰船研制的可行性分析阶段，要求对满足任务需求的几种备选方案的作战能力、缺陷和风险做出估计和比较，还要进行进一步分析并着手解决已经辨明的技术风险。

仍以美国海军为例，在美国海军的项目决策协调书（NDCP）和海军采办策略要素（NAVNATINST 5000.29A）中，规定了对工程项目必须进行风险分析和风险管理的活动，表 2.2 摘要列出了美国海军有关采办策略的要素。

表 2.2　美国海军有关采办策略的要素

海军采办策略要素 （NAVNATINST 5000.29A）
第一节：需求、约束条件、门限值和工程项目结构
需求说明
工程项目约束和/或门限值
资源和投资
工程项目结构
第二节：风险分析
第三节：实现目标的策略和实施
采办工作的目标和指标
对工程项目进度的考虑和基本原则
关键工程项目活动的规划和控制
采办备选方案
备选方案选择计划和关键选择决策的时间安排
采办工作与其他工程项目的相互依赖关系
风险管理计划
设计方法：硬件资料开发方式和预规划产品改进方法
在设计和制造中实现可靠性的手段
标准化问题

续表

海军采办策略要素 (NAVNATINST 5000.29A)
费用设计和承受性问题
综合后勤保障方式
利用组织结构上的优点
动员能力
财政策略
采购足够多的分系统和系统试验硬件的计划和所需的投资
商务管理办法
关键采办决策的检查跟踪

除在装备的可行性分析阶段和研制阶段强调进行风险分析和风险管理外，美国国防部在装备研制阶段还提倡诸军种采用经过验证的可靠的技术，以及尽量选用商品化的产品，即非研制项目(Non-Development Item，NDI)。有关资料介绍，美国国防部的政策是在采办过程中考虑 NDI 问题要达到成为规律的程度，而不是可有可无的考虑。与之相对应，美国海军规定常规装备研制的 NDI 备选方案在提出每一项新工程项目时应予以积极考虑，为满足临时性使用要求，每份研制选择报告都必须说明 NDI 解决办法的采用情况。完全采用 NDI 不可行时，亦应部分采用或以加以改进的形式利用。也就是说，要尽量采用渐进的方式，积极稳妥地开展装备研制工作，避免出现大的失误。

美国海军的“阿里·伯克”(DDG－51)级舰是一个例子，“阿里·伯克”级舰的主系统“宙斯盾”系统是经装备“提康德罗加”(CG－47)级巡洋舰考验过的。用“宙斯盾”系统装备“阿里·伯克”级舰只是做了一些简化，以减少其在舰上所占的体积、质量，所以基本上没有大的风险。基于同样的理由，在该舰上选用 MK41 型导弹垂直发射系统。

在以下的分析中，为叙述方便，采用“工程项目”这个术语表示武器装备的研制和生产过程，若不特殊说明，可认为二者同义。

2.4 装备试验风险来源

在装备及其系统的研制中，技术风险是首要的、居重要地位的风险因素，在很多种情况下，也是产生费用的直接原因之一，故首先对它展开分析。

2.4.1　计划风险源

计划风险是指那些不受工程项目控制的外部资源和活动对工程项目所造成的不利影响的可能性及其后果。具体来说，它们是由上级权威的决策行动，外部环境的变化，人员、组织机构或设施不能按规定或预期要求展开工作等原因所引起的，具体可以细分如下：

(1)优先次序的变化。改变原先指定给工程项目的优先次序，因而不能及时得到资金、设施保障、材料等原因所造成的问题，很可能对项目的原定费用和进度产生不利的影响；另外，项目优先级的提高(例如对项目的需求突然变得紧迫)会产生技术和费用方面的问题。

(2)决策延误。出于种种原因，上级拖延批准签订合同以及项目进入下一阶段等，造成项目的计划进度中断，会产生费用风险和进度风险。

(3)授权不充分。由于未授予项目直接管理人员充分的权力(以便管理项目的研制)，从而造成的工程项目的延误。这包括费用、进度和性能权衡决策等方面的授权，由此可能造成多种类型的风险。

(4)工程项目延期。若人为地要求项目延期或暂停，会造成费用等方面的问题。

(5)工程项目更改。研制方案的无预见性变动，可能在项目的技术、进度、费用等各方面产生不利的影响并造成混乱。

(6)资金约束。如果(因优先次序变化以外的其他原因)不能及时获得原计划所期望的资金，就可能产生项目偏离原计划等多方面的问题。

(7)进度约束。如果对工程项目的进度要求过急，增加对关键资源的需求，可能因延迟设计导致在后继研制阶段、生产阶段以及部署阶段发生频繁的技术状态的更改，项目研制久拖不决。

(8)人员变动。与工程项目有直接关系的管理、决策和技术人员的变动会给项目带来多方面的问题，可能导致原定计划的拖延、中断、费用增加甚至项目被取消。此外，暂时性、过渡性的相关人员也会产生类似的问题。

(9)熟悉程度。如果项目管理人员或相关技术人员不熟悉系统、设备，或不具备这方面的经验，就可能导致项目在推进方面出现问题。

(10)缺乏能力。如果缺乏具备必要的管理、技术技能的人员，项目也会出现很多问题。

(11)缺乏联系。如果管理部门与各研制单位、总承包单位与各分包单位等之间缺乏必要的联系，不能及时发现和通报现有的和潜在的问题，就会产生通常情况下联系不畅所带来的各种问题。

(12)中标价过低。如果研制单位的中标价过低,又不能按预期的资源提供符合要求的产品,那么项目可能会受到多方面的、严重的影响。

(13)分合同控制。如果项目总承包者对分合同的数量、进度、费用及履约情况不能保持充分的控制,项目研制就难以达到原定的目标。

(14)通用保障设备。如果通用保障设备对系统的使用和维护要求不适用,计划的工程项目将遇到费用和进度问题。

(15)物价指数。若物价指数(或装备研制的费用上涨率)超出原先的预计,则会直接影响项目费用,对其他方面也会造成间接的影响。

(16)资料的搜集和使用计划不完善。若项目在资料搜集和使用方面无计划或得不到,则会在项目的技术、费用以及进度各方面造成不利影响。此外,在项目研制过程中,多次修改设计、时间过长、人员变动等原因使得有关数据、资料未能妥善保存或遗失,也会造成类似影响。

(17)气候与环境的影响。天气的突然变化及自然灾害,如水灾、火灾、风灾、地震等可能会造成严重的进度拖延和费用问题。

(18)其他。论证不充分,技术的发展,试验安排不及时,项目受制于某些人,部门壁垒,偏见及社会的影响,研制、供货单位的稳定性、保密性、安全性,合同形式不当,研制单位缺乏财政实力,国防资源和支付能力的变化,协调不充分,条例更改等,均为工程项目难以控制的外部资源和活动,它们都会对工程项目造成不利影响,带来风险。

2.4.2 费用风险源

项目研制中纯粹的费用风险是很小的,即费用风险在很大程度上是技术风险和计划风险的"指示信号"。经过仔细的探讨,得到以下典型费用风险源。

(1)技术风险敏感性。

(2)计划风险敏感性。

(3)进度风险敏感性。

(4)并行研制。

(5)估算错误。

(6)人为性压低。

2.4.3 进度风险源

进度风险源有以下六个方面。

(1)技术风险敏感性。

(2)计划风险敏感性。

(3)费用风险敏感性。

(4)项目研制过程进度冲突。

(5)关键路径项目数。

(6)估算错误。

2.5 装备试验风险分类

为对装备试验项目所面临的风险进行分解与定义,首先研究装备试验项目本身。工程项目(研制或生产类)的目的是什么?从风险分析的角度看,装备工程项目的目的就是“以规定的费用按规定的时间交付达到规定性能要求的产品”。从这个目的来看,工程项目失败的形式有如下 3 种:

(1)产品达不到规定的性能水平。

(2)实际费用过高。

(3)产品交付过迟。

以上 3 种形式分别对应着工程项目的技术风险、费用风险和进度风险,其中技术风险又可划分为单纯的技术风险(对应于武器装备经典的战术技术指标)和保障性技术风险(对应于武器装备的保障性指标和保障性要求)。为叙述方便,在下文中不再明确区分它们,而将其统称为技术风险。

此外,在工程项目的进行过程中,还存在着来自环境和行政管理方面的不利影响,一般称为计划风险。

下面,分别对这几类风险按由简单到复杂的顺序进行定义和分析。

2.5.1 费用风险

费用风险是指工程项目费用突破预算的可能性及超支的幅度。

在现实条件下,由于竞争的作用,实际经费一般很难低于估计值,物价、工资以及其他外部因素的影响都使得工程项目具有不确定性,更重要的是,不适当地追求高性能指标,往往会导致工程项目的费用大幅度增加。产生费用风险的因素有:

(1)预算不准确、不完整;

(2)宏观经济调节的影响;

(3)原材料、配套设备价格的调整;

(4)估价及调价、定价方式的变化；

(5)技术及计划因素的影响；

(6)其他不可预见因素的影响。

2.5.2 进度风险

进度风险是指工程项目不能按期完成的可能性及超期幅度。产生进度风险的典型因素有：

(1)进度计划论证不够充分和完整；

(2)投资强度的影响；

(3)技术及计划因素的影响；

(4)其他不可预见因素的影响。

2.5.3 技术风险

技术风险是指工程项目在预定资源的约束条件下，达不到要求的战术技术指标的可能性及差额幅度，或者说研制计划的某个部分出现事先意想不到的结果，从而对整个系统效能产生有关影响的概率。初看起来，导致技术风险的典型因素是：

(1)技术难度较大，实现起来比较困难，而与此同时，只具有较低的技术储备水平；

(2)原定指标过高，造成技术上难以实现。

总之，在装备的研制中，许多技术风险往往都是由于对新系统和新设备提出前所未有的性能要求而造成的。首次尝试时，那些技术上有风险的问题，可能要等到若干年以后才会暴露出来。此外，许多“××性”“××度”之类的指标，如可靠性、维修性等，以及项目所要完成的多项任务等要求，在研制时往往都要做出规定，其中每一项都可以看成是对设计人员和研制单位提出的附加要求，力图发展成为一项具有综合目的、能达到理想性能水平的有效设计，而这些附加的每一项设计要求也都可能成为一个风险源。以上讨论尚未涉及对工程项目的资源约束问题，就工程项目而言，资源约束主要是指：

(1)在规定的时间内；

(2)在一定的经费保障条件下。

显然，离开这些约束讨论技术风险是没有意义的，而将之置于这些约束下讨论和分析，将会发现它与费用风险和进度风险是紧密相连的，这一点将在后面再详细讨论。

2.5.4　计划风险

迄今为止，计划风险还没有正式的学科意义上的定义。计划风险与管理有关，它主要由那些不受工程项目控制但又能影响工程项目的外部资源和活动所引起，具体包括以下八个方面：

(1)材料供应中断和延误；

(2)人员的不可用性；

(3)环境影响；

(4)需求更改；

(5)条例更改；

(6)权力机构的决策变化及延误；

(7)资金约束；

(8)承担方的稳定性。

我们可以将计划风险定义为：不受工程项目控制的外部资源和活动对工程项目的不利影响的可能性及其后果。如表 2.3 所列，技术风险、费用风险、进度风险是属于系统内部的、工程项目可控的，因而也是更具理性化特点的风险成分，目前分析和量化研究的侧重点也集中在这几个方面，研究也较容易深入；而计划风险是外部的，目前可分类列出计划风险源，并针对这些风险源列出降低风险程度的措施。

表 2.3　工程项目的风险种类

项目风险	
外　部	内　部
计划风险	技术风险 费用风险 进度风险

下面，对这几类风险之间的相互关系进行简要的分析。在工程项目的技术风险、费用风险以及进度风险诸成分中，技术风险是主要的、起决定性作用的因素，它还常常是造成费用风险和进度风险的主要原因。

普遍来说，现代武器装备常常随着高新技术的发展而更新，新技术、新工艺在新型武器装备的研制中得到广泛的应用，但在应用的同时也带来了新的不确定因素，即某些新技术、新工艺是伴随着新型武器装备的研制需要同期开展研究的，因此，在研制初期阶段，这种新技术、新工艺能否在规定的时间内、预定的资源条件下达到研制任务要求，是一个事先难以确定的问题，这取决于科研储备能力、研究人员的素质与科技管理水平等。也就是说，新技术、新工艺的采用存在着“失败”的可能性，这也就是上述技术风险的内在含义。

这里所说的“失败”有 3 种形式：①不能在规定的时间内完成；②大大超过预定的资源条件，需要追加人力、物力、财力方可完成；③现有的技术、工艺水平达不到技术要求，不可能完成，只能降低性能指标要求。在工程项目管理中经常遇到的是①和②的情况，有时甚至是①②和③的组合。

对于技术成熟的工程项目(例如美国的 FFG－7、DDC－51 型舰)，在研制过程中技术上的不确定因素比较少，可把握的程度较大，通俗地说，即人们对该项目“比较有把握”，相对来说，费用较易匡算，进度预计也较准，即费用风险和进度风险较小，当然其产品质量也容易保证；反之，采用较多的新技术、新工艺、新体制的工程项目，不仅使技术风险加大，还可能影响到其工艺性能、现有设备的可利用性、新工艺和新设备的风险性、零部件的继承性和标准化程度、材料和元器件供应的难易程度等。同时，由于新技术含量的增大，科研、生产、管理人员的熟练程度，原理性探索所消耗的资源，意外的、事先预计不到的技术难题的出现，都会导致研制费用的增加和研制进度的拖延，其结果是加大费用风险和进度风险。

因此，工程项目的技术风险和进度风险、费用风险是紧密相连的。一方面，技术风险体现在费用风险和进度风险中；另一方面，技术风险反映研制难度。所以谈到项目技术上有风险，一方面指该项目可能拖进度、超预算；另一方面指该项目可能很难达到原定的战术技术指标，只能降低原定的要求。

关于工程项目的各类风险成分之间的相互关系问题，将在对技术风险的分析及处理方法部分进一步展开更详细的分析。

第3章　装备试验风险评估

在我们的日常生活和工作中，风险是普遍存在的，大多数决策，包括最简单的，都含有风险。同理，装备试验也存在风险，需要对其进行评估。

3.1　装备试验风险的识别

在一次公务旅行中做出是乘车还是乘飞机的决策，其费用和时间的差别是显而易见的。但是，其中的安全因素和按时到达的可能性则使对该问题的风险决策变得较为复杂。这个例子说明，我们在工作中必须尽早确定“成功准则”，以便确定评估风险的基本要素，如果只有费用这一项是成功准则，那么确定风险就很简单，只需确定乘飞机的费用并将之与乘车的费用相比较即可。下一项成功准则可能是安全因素，一种运输方式会比另一种安全，用单位里程的事故统计数据可以评价这一准则。如果又增加第三项准则，例如准时到达，那么运输方式的可信度就必须加入计算，应评价航线的准时性统计数据与汽车状况的可信度。

随着成功准则的扩充，做出决策前的风险分析也变得更为复杂，从该例中可以明显看出，有一些风险(假设增加费用)是可以接受的，而不能及时到达可能会是许多任务要求所不能接受的。当然，如果不能安全地到达，则是完全不可以接受的。

3.1.1　风险存在的普遍性

为更进一步说明风险存在的普遍性，以英国某化工厂工人在一天(24 h)中经历的死亡事故的风险分布情况为例，如图3.1所示。

图3.1中，纵轴表示从大量统计数据中得来的每小时死亡事故的概率，单位是10^{-8}/h。

从统计结果来看，驾车上下班和骑摩托车兜风的死亡风险较大，工作时的死亡风险是中等水平，即使是在家中睡觉，也有死亡的可能性，此时死亡的风险源为地震、房屋倒塌等，只不过这种概率非常小，一般人都不会考虑罢了。

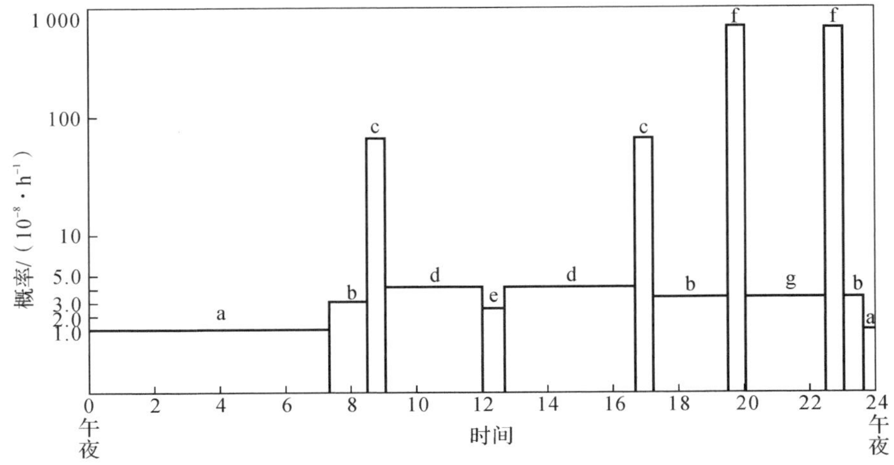

图 3.1　英国某化工厂工人一天中死亡风险分布情况

a—睡眠；b—在家中吃、洗、穿衣等；c—驾车上下班；d—在化工厂工作；
e—中午吃饭、休息；f—骑摩托车兜风；g—晚间娱乐

3.1.2　风险定义

风险是人们对未来行为的决策及客观条件的不确定性而可能引起的后果与预定目标发生多种负偏离的综合，是不利事件发生的概率和不利事件发生后果的函数，具有客观性、突发性、多变性、相对性和无形性等特征。装备试验鉴定活动，目的在于发现装备问题缺陷、提升装备性能、确保装备实战适用性和有效性，具有较强的探索性、不可预测性，风险因素多、风险系数高，安全管控难等典型特点。

严格说来，风险包括两个方面：不希望事件发生的概率和发生后果的严重性。从这个意义上讲，风险是一个只在未来意义上存在的字眼，没有“过去的风险”，只有实际发生的事件。风险分析和风险管理包括发生的可能性和它所产生的后果大小这两个方面。

从以上定义可以看出，风险和危险是不同的。危险只意味着一种坏兆头的存在，而风险不仅意味着这种坏兆头的存在，而且意味着发生这个坏兆头的渠道和可能性。因此，有时虽然有危险存在，但不一定要冒此风险。例如，某人是一位公职人员，惯于按部就班地工作，缺乏一定的经商能力，如果他要去

经商，就要冒赔本的风险；但如果他不去经商，虽然有赔本的危险，但由于没有发生的渠道，所以便没有赔本的风险。再如，新型武器装备的研制如果一拖再拖，迟迟不能交付部队使用，或主要战术技术指标达不到实战的要求，若处于和平时期，没有战争，则虽然有危险却没有风险；但如果用于实战，那么就要冒失败的风险。

根据以上的定义和讨论，风险可以表示为事件发生的概率及其后果的函数，即

$$R=f(P,C)$$

式中：R 表示风险；P 表示概率；C 表示后果。

3.1.3 风险度

在许多场合，例如研究工程项目的费用和某些技术指标时，人们往往使用平均值作为某项指标的估计值，此时风险度定义为变量的标准差与平均值之比，该比值有时也称为变异系数，即

$$\mathrm{FD}=\sigma/\mu$$

式中：σ 为随机变量的标准差；μ 为变量的平均值。

有时，出于某种原因，人们并不采用平均值作为该变量的估计值，设估计值为 x_0，则风险度的定义为

$$\mathrm{FD}=\frac{\sigma-(\mu-x_0)}{\mu}$$

风险度反映随机变量的标准差相对于期望值的离散程度。风险度越大，表示对将来可能发生的事越没有把握，从某种意义上讲，风险也就越大。

3.1.4 风险与不确定性

由以上讨论可知，风险是由不确定性产生的，而且这两个概念有时也经常互换使用，但它们又是有区别的：不确定性仅仅考虑事件发生的肯定程度，而风险则还要考虑事件发生后果的严重程度，如图3.2所示。

图3.2中的两条曲线分别代表某项待研制产品的某项指标两种方案的概率密度，从曲线形状来看，方案2的指标的离散程度（即不确定性）要更大一些；但若以指标 $Z\geqslant Z_0$（例如 $Z_0=10$）作为研制成功的判断准则的话，则方案2的性能风险要比方案1小得多。

这个例子告诉我们，有时不确定性并不完全是坏事，关键要看不确定性是在向着希望的方向发展，还是相反。这就从另一个角度再次提醒我们，风险是

针对不希望事件而言的，它包括以下两个方面：

(1)发生的概率；

(2)后果的严重程度。

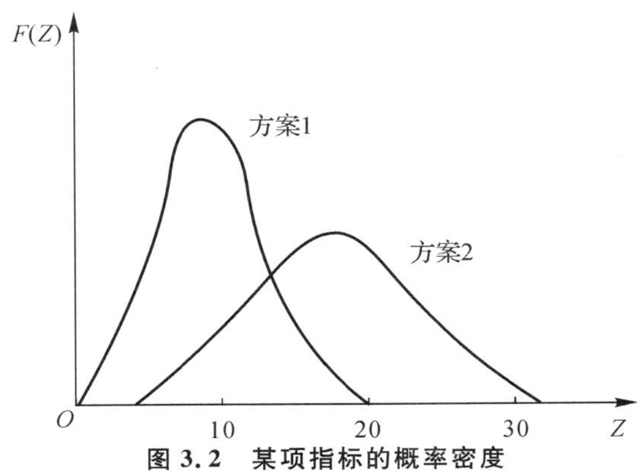

图 3.2　某项指标的概率密度

3.2　装备试验风险评估方法与准备工作

要对工程项目进行风险分析，首先要对风险进行辨识，确定有哪些分系统和设备的研制存在风险；其次要对已辨明的风险区的风险进行判别，具体判定各风险区的风险等级，为风险分析的输入做好准备。

风险辨识工作的目的是对工程项目风险用直截了当的书面语言做描述性的陈述，不经过辨识、不用明确的语言表述，是无法对工程项目的风险进行分析和管理的。风险辨识和风险等级的判别可以通过对专家的访问和收集有关资料来进行。几乎所有的风险分析技术都需要某种形式的专家判断，所以这种判断和判断的采集对风险分析与管理工作来说极其重要。

可以从两个方面为进行这项工作做准备。首先，必须考虑好主题，准备好访问的提纲；其次，必须使受访者乐意提供有关信息。这种访问的结果可以是定性的，也可以是定量的，或两者都有，它可以作为任何一种风险分析工具的输入。

一般来说，在对工程项目进行风险分析时，已经对项目进行了诸如可行性分析以及综合论证等工作。在项目可行性分析报告、综合论证报告以及有关各分系统相应的支撑报告中，都应对项目风险进行或多或少的定性描述，为项目管理人员和风险分析人员提供一种在单个地点收集这些信息的途径。由于以上报告都是由各技术领域内的专业人员所编写的，所以在相当程度上可以替代专家访问的工作量。但是，这类报告通常并不给出风险分析所需输入（例如分系统或设备研制的概率密度函数等）的定量信息，因此还必须在此基础上进行补充调查，或者由项目决策及管理人员与风险分析人员在对资料进行消化后，根据经验和定性分析所获取的信息，审慎地确定不确定性的范围以及相应的主观概率（如有必要）。

3.3　费用风险和进度风险的量化分析方法

费用风险和进度风险的量化分析方法包括网络分析技术、项目研制网络图的建立、费用与进度参数的建立与选取、费用风险和进度风险的计算等。

3.3.1　风险性质的判别

既然风险包括不希望事件发生的可能性以及后果的严重程度，那么有两类事件的风险性质是没有争议的：一类事件是“高可能性，严重后果”事件，对这类事件可以立即判定，它们属于高风险问题（高风险项目）；另一类事件是“低可能性，轻微后果”事件，对这类事件也可以立即判定，它们属于低风险问题（低风险项目），分别如图 3.3 中的Ⅱ、Ⅲ区域所示。

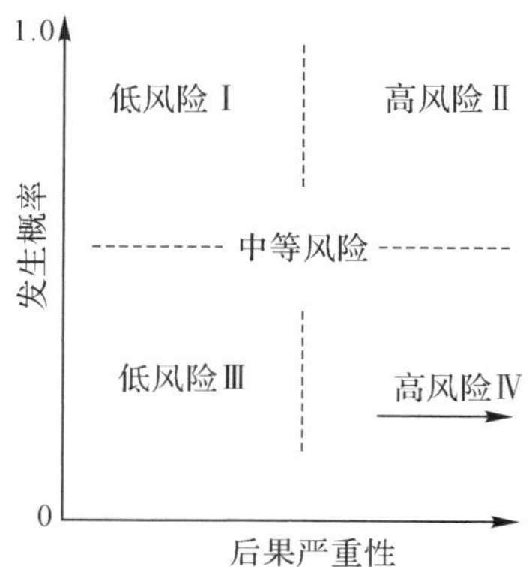

图 3.3　风险区与风险性质

还有两类事件的风险性质的判定是容易引起争议的，它们分别是：

（1）高可能性，轻微后果（Ⅰ区域）；

（2）低可能性，严重后果（Ⅳ区域）。

这两类事件的风险性质与个人的主观判断有很大的关系，不同的人由于持不同的观点、立场，以及个人所处的环境的不同，会有不同甚至相反的判断。

例如,乘飞机旅行就是一个Ⅳ区域事件,民航飞机发生坠毁的概率很低(这一点已由统计数据所证),但它的后果一般是较为严重的,虽然现在大多数人都不会把乘坐飞机作为高风险事件来考虑,但是有些人仍然会在上飞机之前顾虑重重。再如,对于核电站事故问题,理论计算和实践都表明现有核电站的安全是有保障的,但普通人对于居住在核电站周围在内心所引起的不安的程度,大大超过了乘飞机旅行。这两个例子也说明,人们对问题的风险性质的判断,有时会带有很大程度的主观色彩。不同的人,会依据个人感觉,决定自己所能接受的风险水平。

图 3.3 中的后果严重程度如果逐步加大的话,人们在做出决定(是否接受该选择)中的不确定性就会越来越明显,这种现象在工程项目的决策中也会经常出现。在这种情况下,对项目风险等级的判定会更加依赖于个人的解释。这时,项目主管人员一方面要依靠不同领域的技术专家,另一方面也必须做好准备,对判定风险问题做最后的决断。

值得注意的是:一个工程项目如果包含许多中等风险项目,则它有可能事实上成为高风险项目;而一个只有极少数高风险项目的工程项目,其总的成功可能性反而可能会较高。这个“中等风险-高风险”关系对之间的转换,对于“轻微风险-中等风险”关系对也同样适用。

3.3.2 网络分析技术

20 世纪 50 年代末以来,美国在发展大型武器系统的计划工作中,遇到了一些突出的问题。武器系统日趋复杂,国家的资源有限,而发展大型武器系统又需要耗费大量的人力、物力、财力,计划不周或决策错误,将会严重影响国防实力和国民经济。在以往的决策、计划手段和风险分析方法均难以较圆满地解决以上问题的情况下,可陆续将各类网络分析技术引入风险分析领域并对之进行发展更新。

网络技术是一种制订计划和对项目进行管理的方法,它广泛地应用于一次性工程项目的管理(如国防建设项目、大型科研项目、技术改造及技术引进项目等)中。在工业企业生产与计划管理中,适用于新产品的试制、生产技术准备、设备大修等。例如,在造船界,目前我国各造船厂和修船厂均普遍采用网络分析技术,特别是在新舰的总装建造和大型舰船的修理中应用更为普遍。

一般来说,工程项目越大,协作关系越多,网络技术就越能显示其优越性。相关统计资料表明,大型工程项目采用网络技术进行管理,一般可缩短周期的 15%～20%、节约费用的 10%～15%。网络分析技术起源于美国杜邦公司的关键路线法(Critical Path Method,CPM)。早在 1956 年,杜邦公司在制订协调企业不同业务部门的系统规划时，便运用网络方法制订出了第一套网络计划，这种计划借助于网络表示各项工作及所需要的时间，并表示出各项工作之间的相互关系，从而找出编制与执行计划的关键路线，所以称为关键路线法 。

1958 年，美国海军武器局在制订研制“北极星”弹道导弹的计划时，同样应用了网络形式和网络分析技术，这种方法注重于各项任务实施安排和评价，所以又称为计划评审技术（Program Evaluation and Review Technique, PERT）。

在美国政府的很多机构和一些大型企业陆续采用的最低成本估算计划法、计划评价法、产品分析控制法、人力分配法、物资分配法和多种项目计划制定法等，都属于 PERT 类方法的变形。

我国于 1966 年引进 PERT，并称之为“统筹法”。虽然 CPM 和 PERT 及它们的扩展形式具有多种优点，解决了当时许多管理问题，但是它把时间以外的变量（如费用、性能）作为第二和附加的变量来处理，视为非决策状态，这样使得管理者不能像处理时间一样很方便地处理预算等问题。

为克服上述缺点，1966 年，美国人 Pritsker 发展了一种随机型的网络技术，称为图形评审技术（Graphic Evaluation and Review Technique，GERT），使网络技术发生了质的飞跃。这种技术的主要改进在于：

（1）网络的随机性质，在每一活动中可引入概率分布，以代替一确定值，此外节点的逻辑判断能力也大为加强，并可带有随机性。

（2）能对整个计划系统进行仿真运行，从而寻求较为满意的决策方案。

在此基础上，经美国军方研究机关和一些大学的努力，于 20 世纪 70 年代推出了风险评审技术（VERT），随后又经过几次改进，于 1981 年推出了改进版本 VERTⅢ。

以风险分析为目的的网络技术的发展过程如图 3.4 所示。后面将介绍以 PERT 方式进行工程项目的费用、进度风险分析的方法。

3.3.3 项目研制网络图的建立

1. 网络图的概念

网络图是用于表示一项工程、组成工程的各道工序及其相互之间关系的一种图形。

工程：一项施工任务、科研项目、生产以及其他较复杂的工作任务，统称为工程。

工序:为完成某项工程,在工艺技术和组织管理上相对独立的活动称为工序。

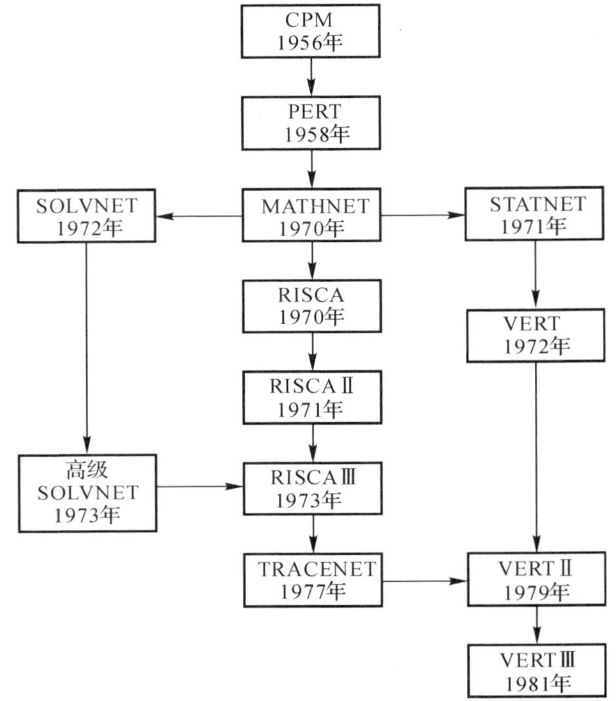

图 3.4　以风险分析为目的的网络技术的发展过程

一项工程由若干道工序组成。工序需要一定的人力、物力等资源,并需要一定的时间。如果用带箭头的线段表示一道工序,把表示各道工序的很多条这样的线段(称为弧,下同)按照工程的工艺顺序,从左至右有序地排列起来,就可以画出一张图。例如,某项工程由 a、b、c、d、e、f、g、h、l、m 等 10 道工序组成,它们之间的先后顺序与互相联系的关系如下:

(1)a、b 可以同时开工;

(2)a 完工后,c、d、e 可以同时开工;

(3)b 完工后,f 可以开工;

(4)c 完工后,g 可以开工;

(5)d 完工后,h 可以开工;

(6)e、f 完工后,1 才可以开工;

(7)g、h、l 完工后,m 才可以开工。

把这些工序按照工艺的顺序及它们之间的关系绘成图,如图 3.5 所示。

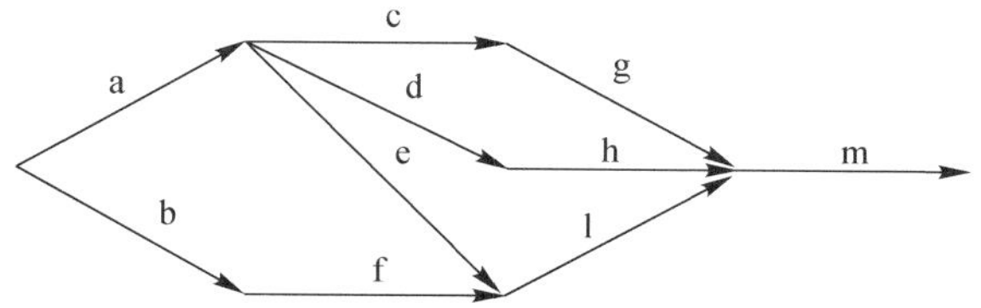

图 3.5 某项工程的工序示意图

在图 3.6 中,相邻工序的交接处画一圆圈,表示相邻工序的分界点,称为节点。每个节点编上顺序号。连接箭尾的节点表示工序的开始,连接箭头的节点表示工序的完成。

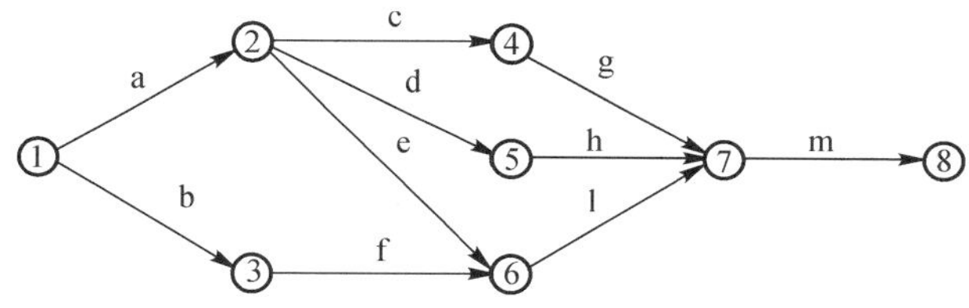

图 3.6 某项工程的网络示意图

事项:表示工序的开工或完工,它是相邻工序在时间上的分界点,用注有编号的节点表示。由工序、事项及标有完成各道工序所需时间等参数所构成的有向图,就是网络图。例如,在图 3.5 中,加上表示事项的节点,在各弧的下面标上各道工序所需要的时间,就构成了如图 3.6 所示的网络图。

在网络中,用弧及开工事项、完工事项表示一道确定的工序。例如,图3.6 中的事项①表示工程开始和 a、b 工序开工,事项②表示 a 工序完工及 c、d、e 工序开工,事项⑧表示工程的最后一道工序的完工,即整个工程完工。

2. 网络图的建立

对诸如舰船、飞机等武器系统研制建立 PERT 网络图,首先要对其研制过程进行分解,并找出各项研制工序的先后关系,然后按照网络图的一般要求进行绘制。

根据经验,成功地编制网络图的关键是:

(1)确定项目适当的详细程度(项目、系统及设备等);

(2)标识相应的活动;

(3)明确活动间的关系(相关性及研发等);

(4)预报持续时间;

(5)涉及参与以上所有活动的相关人员。

为简便起见,以舰炮武器系统为例,其一般的研制过程如图 3.7 所示。

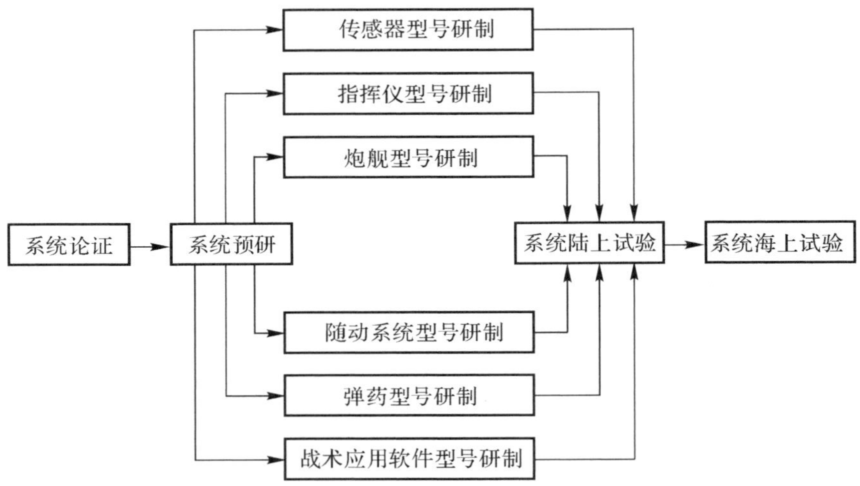

图 3.7 舰炮武器系统一般研制过程

由图 3.7 可得,该系统研制的网络图如图 3.8 所示。

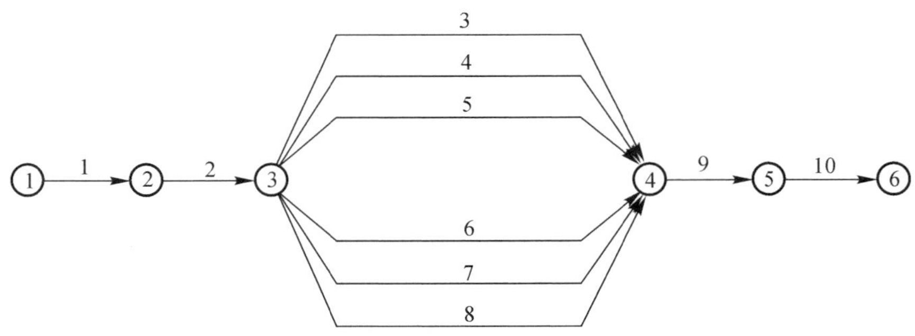

图 3.8 舰炮武器系统研制网络图

在图 3.8 中,节点之间的连线表示从前一节点到后一节点所需要经过的工序,为方便起见,每一个节点和工序均以数字编号,意义如表 3.1 所示。

表 3.1　舰炮武器系统研制节点及各工序的意义

节点	符号意义	工序	符号意义
①	开始节点,论证开始	1	系统论证
②	论证结束,预研开始	2	系统预研
③	预研结束,型号研制开始	3	传感器型号研制
		4	指挥仪型号研制
		5	炮舰型号研制
		6	随动系统型号研制
		7	弹药型号研制
		8	战术应用软件型号研制
④	型号研制结束,陆上试验开始	9	系统陆上试验
⑤	陆上试验结束,海上试验开始	10	系统海上试验
⑥	末端节点,RDT 阶段		

需要说明的是,系统研制网络图的形式不是唯一的,随着研制阶段的不断推进,网络图也将不断细化和复杂化,所绘制的网络图也就越接近于实际情况,计算结果的可信度也就越高。

网络图绘制完成后,就可以进行网络参数的建立与选取工作。

3.3.4　费用与进度参数的建立与选取

在项目研制前所获得的有关费用、进度等数据和资料,有相当一部分是在数理统计的基础上进行预测和估算的,由于在实际研制过程中存在着难以预料和控制的因素,不可避免地带有某种不确定性,正是这种不确定性带来了项目的费用风险和进度风险。

在估算项目(或它的某项工序)的费用或进度指标时,分析一下以下的表述方式是很有必要的。

方式 1:估计该项研究要花费 270 万元。

方式 2:估计该项研究的费用在(230～300)万元之间。

方式 3:估计该项研究的费用为(230～270～300)万元,其中 270 万元是其中心倾向性的某种量度(均值或众数),230 万元和 300 万元是费用估计值的上、下限。

在这 3 种表达方式中,方式 1 用的是肯定的语气,给出一个点估计数值,不含有不定性信息;方式 2 给出的是一个浮动范围(区间),但未给出估计的倾向性;方式 3 既给出浮动范围,又给出倾向性信息,因而更符合研制项目的实际前景,增加了合理性。

因此,在看待项目的费用和进度数据时,应当把它们当作某种事先估计的、最可能出现的数值,或者是一种期望值,而未来真实的费用和进度是在包围这个期望值的某个范围内按某种规律变化的。也就是说,应把它们当成随机变量来处理,下一步的工作就是要采用某种方式确定它的分布函数或概率密度。

在用 PERT 网络计算项目的费用风险和进度风险时,典型的做法是采用 Beta 分布形式进行处理,这和前面的方式 3 表示的费用及进度估算结果也是吻合的。具体做法是在详细研究各工序的基础上分别估算费用和时间的最低值(乐观估计)a、最可能值 m 及最高值(悲观估计)b,它们分别对应图 3.9 所示的分布曲线上的 3 个点。

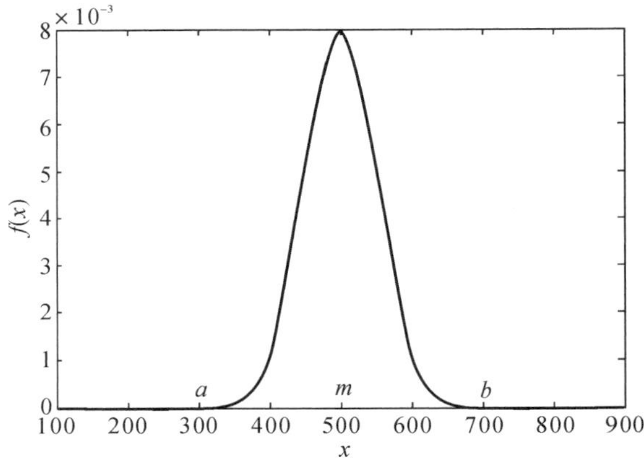

图 3.9　Beta 分布的概率密度函数示意图

该 Beta 分布的概率密度函数为

$$f(x)=k(x-a)^{p}(x-b)^{q},\quad a\leqslant x\leqslant b$$

其中

$$k=\frac{1}{(b-a)^{p+q-1}\beta(p+1,q+1)}$$

式中:$\beta(p+1,q+1)$是 Beta 函数。

关于最可能值 m 的提出,一般取自经典的费用估算法,它们分别是:

(1)由数理统计方法得到的经验曲线计算得出;

(2)由相同或相似的项目进行类推得出；

(3)由工程算法累计计算得出。

关于乐观值 a 和悲观值 b 的提出，则没有一个固定的、统一的模式。一般来说，它们可以来自专家的“合理的主观推断”，也可以从最可能值 m 中扣除(或增加)某项费用(或时间)而得出。

例如：

工序名称：随动系统型号研制。

费用乐观估计值 a：230 万元。

说明：如果另一项原理性研究专题在这之前完成，则可以直接进入工程样机的研制阶段，费用可减少 40 万元(270－40＝230)。

费用最可能值 m：270 万元。

说明：该值按工程算法计算得出。

费用悲观估计值 b：300 万元。

说明：最可能值 m 中仅计入一次性能试验的费用，如果需要进行第二次试验及相应的修改工作，则需追加 30 万元(270＋30＝300)。

当然，在大多数情况下，项目执行的结果得到最乐观估计值和最悲观估计值的可能性都非常小，项目的费用和时间(按照假定)更接近于某个中间状态，即最可能值 m。

有这样的认识，参照对 Beta 分布通常的处理方式，可以用以下公式得出项目费用(或进度)的均值与方差，即

$$\mu=\frac{a+4m+b}{6}$$

$$\sigma^2=\frac{(b-a)^2}{36}$$

3.3.5 费用风险和进度风险的计算

1. 费用风险的计算

研制项目总费用的均值可以通过对各设备(工序)费用的均值累计来获得，即

$$C_e=\sum C_{ei}$$

式中：C_{ei} 为项目中各设备费用的均值。

同样，通过前面介绍的方法，可以求出各设备费用的方差。由统计原理可

知，当随机变量相互独立时，总体方差等于变量方差之和，但由于装备尤其是大型装备的复杂性和研制风险的不确定性，以及竞争的作用，估计的费用在合理的范围内已尽可能降低，也就是说，已经充分考虑了阻碍系统正常完成的薄弱环节，如果费用再低，这些环节就不能很好地解决。因此，实际发生的成本几乎不会低于估计值。因而，随机因素对费用的影响一般会导致费用的上升，因此总系统的标准偏差可确定为各设备的正偏差之和，即

$$\sigma_{cp}=\sum\sigma_{ci}$$

式中：σ_{ci} 为各设备正的标准差。

则该研制项目在费用期望值内完成的系统风险度为

$$P_{rc}=\sigma_{cp}/C_e$$

大型装备一般由许多系统、设备组成，因此其总费用可以近似地认为是以各系统、各设备的平均费用之和 C_e 为均值，以 σ_{cp} 为标准偏差的正态分布，即

$$P(E)=\frac{1}{\sqrt{2\pi\sigma_{cp}}}\int_{-\infty}^{E}\mathrm{e}^{-\frac{(C-C_e)^2}{2\sigma_{cp}^2}}\mathrm{d}C$$

令 $y=(C-C_e)/\sigma_{cp}$，若预定的研制费用为 C_0，则可按 $y=(C-C_e)/\sigma_{cp}$ 求得 y_0，于是得出

$$P_{fc}=\frac{1}{\sqrt{2\pi}}\int_{-\infty}^{y_0}\mathrm{e}^{-\frac{y^2}{2}}\mathrm{d}y$$

由标准正态分布数值表查得按预定费用完成研制任务的概率为

$$P_{fc}=P(Y\leqslant y_0)$$

则不能按某一规定费用完成的概率为

$$P_{rc}=1-P_{fc}$$

2. 进度风险的计算

在网络图中，从起点开始，按照各道工序的顺序，连续不断地到达终点的一条连线称为路。一张网络图上通常有许多条路，其中完成各道工序所需时间最长的路，称为关键路线（关键路径）。

用这种方式计算进度风险，首先要在所建立的 PERT 网络上求出其关键路线。

关键路线由一些工程项目活动构成，即必须按期完成这些活动，否则就会推迟整个工程项目的完成日期。在关键路线上的活动是“帐篷中的支柱”，那些不在关键路线上的活动有相应的松弛时间。这意味着有些活动计划的完成

日期可以延迟，而不会影响整个工程项目的完成日期。

设整个项目的平均完成时间为 T_e，则有

$$T_e=\sum T_{ei}$$

式中：T_{ei} 是网络中关键路线上各工序的平均完成时间。

关键路线上的全部计划完工时间的标准差为

$$\sigma_{tp}=\sqrt{\sum \sigma_{ti}^2}$$

式中：σ_{ti}^2 为网络中关键路线上各工序完成时间的方差。

至此，由风险度定义即可求出研制项目在期望的研制周期内完成研制的风险度为

$$P_{rt}=\sigma_{tp}/T_e$$

此时，研制项目的完成时间可以近似地认为是一个以关键路线上各工序平均时间的总和 T_e 为均值，以 σ_{tp} 为标准差的正态分布。因此，通过关键路线上关键工序的平均时间 T_e 及标准差 σ_{tp}，可求出研制项目在某一规定时间 T_s 内完成的概率，其概率系数 Z 可由下式计算得出：

$$Z=(T_s-T_e)/\sigma_{tp}$$

式中：Z 为概率系数；T_s 为目标完工期；T_e 为按网络图计算出的完工期。

由 Z 值查正态分布值表，可得出该研制项目按期完工的概率为

$$P_{ft}=P(Z\leqslant Z_0)$$

研制项目不能按期完成的概率为

$$P_{rt}=1-P_{ft}$$

则该系统进度的风险度为 P_{rt}。

例如，某型导弹护卫艇的研制、建造按上述方法分析计算，在合同期内完工的进度风险度为 0.028，即按期完工的概率为 97.2%，进度风险很小。

3.4 技术风险的量化分析方法

关于装备研制中的技术风险，由于其构成复杂、系统及各系统指标繁多，再加上受到研制项目的先进程度、复杂性和主观因素等的影响，使之量化较为困难。本节先介绍两种较为简单的方法。

3.4.1 加权和量化方法

加权和量化方法首先考虑技术风险的各个组成部分，对装备的每个待研

系统通过专家打分的方式给出其技术风险估计值，然后考虑各系统（设备）在全系统所占重要程度的不同进行汇总，从而得到全系统的技术风险量化指标。

1. 各系统（设备）的技术风险量化方法

根据装备研制的特点，可采用分解原则，对各系统设备的技术风险从以下三个方面来衡量。

（1）技术先进性。技术先进性是新研项目的基本特征，主要通过战术技术指标来反映。指标定得越高，相对来说实现的难度就越大，风险也就越大。就我国目前的技术储备能力和经济能力来看，新型装备的研制大多还难以超越发达国家现有的技术水平，因此技术先进性的衡量可采用对比类推等方法，以国际已有的最先进的同类装备的性能指标为基准（如可用性、反应时间、精度、速度等）来类推估计出各设备所具有的先进程度。

（2）技术创新性。技术创新性是指在设想的技术方案中首次应用的先进技术，反映对新技术成果的开发运用程度。技术创新性与技术风险密切相关，技术创新程度越高，采用得越多，表明技术越不成熟，实现起来的可能性就越小，相对来说风险也就越大。在先进程度一定的情况下，不成熟的技术采用得越多，成功的可能性也就越小。这样，技术创新性就可以通过在该设备中所选用技术的创新程度和数量来衡量。技术创新的风险通常可用技术难度系数、借鉴程度系数、条件系数等来表示。

（3）技术复杂性。技术复杂性在一定的意义上反映研制项目的综合性、创造性。系统、设备的结构越复杂，相对来说，技术综合程度就越高，表现在协作广度、对外界条件的依赖程度和技术关联度。这对计划协调和科学管理提出了更高的要求。因此，技术越复杂，风险也就越大。

对技术风险的量化所采用的加权和量化方法是根据上述 3 个评价因素，通过专家鉴定评分的方法，确定各评价因素的权重系数以及对研制项目各方案中各设备每个因素的风险评分值。

如评价因素的权重系数可取：

技术先进性：0.40；

技术创新性：0.30；

技术复杂性：0.30。

则各专家给出的每一研制设备的技术风险值 K_i 为

$$K_i = \sum_j b_{ij} Z_{ij}, \quad i = 1, 2, \cdots, n$$

式中：K_i 为第 i 项设备的加权综合技术风险评价值；Z_{ij} 为第 i 项设备 j 因素的

风险评分值($0 \leqslant Z_{ij} \leqslant 1$)；$b_{ij}$ 为第 i 项设备 j 因素的权重系数($\sum_j b_{ij} = 1$)。

根据筹划学中的“15％的渐进律”，即构成新系统的诸要素中，新旧要素之间的比例以 10％～15％为佳，15％～20％则异常困难，大于 20％就是巨变，冒险性极大，多半是失败的。为保证项目研制的成功，这个比例一般不应超过 15％。因此，各因素风险度的取值范围一般应控制在 0～0.2。算出各专家给出的 K_i 值之后，就可汇总确定出各研制设备的最终技术风险评分值。

2. 全系统研制技术风险的计算

全系统研制的技术风险的计算是按照系统层次性原理，采用工作分解结构(Work Breakdown Structure，WBS)，有序地将系统分解，并根据层次分析法原理或专家评估法，分别求出各设备相对于整个研制项目的权重系数 W_i($i=1,2,\cdots,n$)，然后汇总各设备的技术风险值，即可求得全系统研制的技术风险，即

$$P_{re} = \sum W_i K_i$$

式中：P_{re} 为全系统研制的技术风险；W_i 为各设备相对于全系统的权重系数；K_i 为各设备的技术风险。

当各新技术项目对总体性能影响相仿时，也可以用新技术占有比和非成熟技术占有比来衡量和估算系统的技术风险度。新技术占有比是指以基本设备为项目单元，研制单位首次运用新技术、新材料、新工艺等设计出的全新项目占系统设备总项数的比例，计算公式为

新技术占有比＝(新技术项数/技术项总量)×100％

非成熟技术占有比是指尚需进行攻关的技术项目数在新技术项目数中的比值，计算式为

非成熟技术占有比＝(攻关技术项数/新技术项总量)×100％

加权和量化方法可以使用，但是存在一些问题：一是过程本身的可重复性差，不同的专家组在不同的时期内所给出的数值可能会有些差距；二是数值估计目前还缺乏强有力的依据，如对系统中各设备各因素的风险评分值的给定，若不给出评分的标准和估计的依据，则专家会觉得难以确定数值，而评分的标准和估计的依据本身就是难以确定的。

某些评分标准试图解决上述第二个问题，如对于技术先进性，设定如表 3.2 所列的评分标准，而对于技术复杂性等级划分，设定如表 3.3 所列的评分标准。

表 3.2　技术先进性评分标准

序　号	技术先进性	评分标准
1	国际领先水平	0.6
2	国内领先水平	0.3
3	国内先进水平	0.1
4	国内一般水平	0.0

表 3.3　技术复杂性评分标准

序　号	技术复杂性	等　级	等级意义
1	涉及专业技术门类很多,工艺要求很高	9	极复杂
2	涉及专业技术门类很多,工艺要求较高	7	很复杂
3	涉及专业技术门类较多,工艺要求较高	5	复杂
4	涉及专业技术门类较多,工艺要求一般	3	较复杂
5	涉及专业技术门类不多,工艺要求一般	1	不复杂

这类评分标准的理论依据尚待进一步探讨。另外,它们的可用性也有待验证。

3.4.2　模糊相对风险度

模糊相对风险度方法首先假设存在着若干研制方案,其次认为在装备研制中,由于技术原因造成的风险主要是因技术尚未成熟或技术过于复杂引起的,图 3.10 为引起技术风险的主要因素。模糊相对方法对这些因素按属性进行分级,然后采用专家调查法对分级后的属性进行打分赋值。打分的原则是级别数最小的取 1,最高的取 10,中间的在 1～10 之间取值。表 3.4～表 3.8 列出了这些属性的分级情况和打分结果。

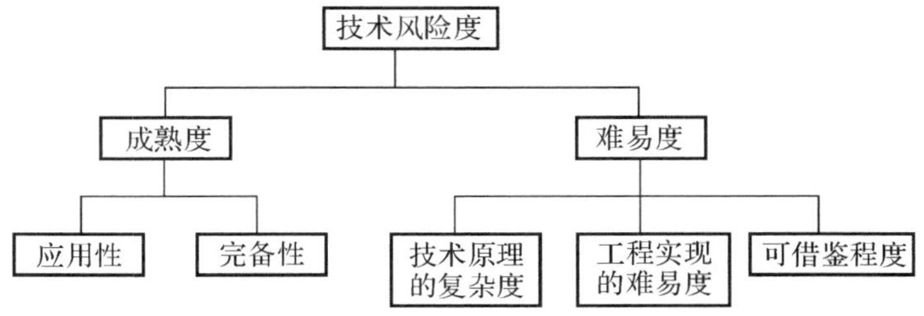

图 3.10　引起技术风险的主要因素

表 3.4　应用性的属性分级

级　别	属　性	赋　值
一	国内已采用	1
二	国内未采用，但国外已采用	8
三	国内、国外均未采用	10

表 3.5　完备性的属性分级

级　别	属　性	赋　值
一	设计、生产、试验方法齐备	1
二	设计、生产、试验方法尚待改进	2
三	经过预研、已在工程样机上验证可行	5
四	有预研基础但未经过工程样机验证	8
五	没有预研基础	10

表 3.6　技术原理的复杂度的属性分级

级　别	属　性	赋　值
一	技术原理简单	1
二	技术原理比较简单	3
三	技术原理比较复杂	7
四	技术原理复杂	10

表 3.7　工程实现的难易度的属性分级

级　别	属　性	赋　值
一	工程实现容易	1
二	工程实现比较容易	3
三	工程实现比较困难	7
四	工程实现困难	10

表 3.8　可借鉴程序的属性分级

级　别	属　性	赋　值
一	有完整的技术资料可供参考	1
二	有部分技术资料可供参考	3
三	有样机(或样品)可供研仿	6
四	有关键零部件或元器件可供研仿	8
五	无可供参考、研仿的技术资料和样机	10

设某一方案 $X_i(i=1,2,\cdots,n)$ 共有 M_i 项带有风险的技术。取论域 $U=\{U_j\}(j=1,2,\cdots,m)$ 为某项技术在表 3.4～表 3.8 中各项属性级别的赋值之和,设高风险度 FUZZY 集为 $\widetilde{H}$,中风险度 FUZZY 集为 $\widetilde{M}$,低风险度 FUZZY 集为 $\widetilde{L}$,取 3 个集的隶属度函数为

$$\widetilde{H}(U)=(U-5)/45,\quad 5\leqslant U\leqslant 50$$

$$\widetilde{M}(U)=(50-U)/29,\quad 21<U\leqslant 50$$

$$\widetilde{M}(U)=(U-5)/16,\quad 5\leqslant U\leqslant 21$$

$$\widetilde{L}(U)=(50-U)/45,\quad 5\leqslant U\leqslant 50$$

由以上各式可以计算出每一项技术风险的高低程度,从而计算出每个方案中高风险度的项目数和低风险度的项目数,则各方案的技术风险为

$$T_{xi}=W_h T_{hi}+W_m T_{mi}+W_l T_{li}$$

$$W_h+W_m+W_l=1$$

$$T_{hi}+T_{mi}+T_{li}=M_i,\quad i=1,2,\cdots,n$$

式中:W_h、W_m、W_l 分别为高风险、中风险和低风险技术的权重。

经规范化处理后,可得到各方案的相对技术风险度为

$$P_{ri}=T_{xi}/\sum_{i=1}^{n}T_{xi}$$

由于假定存在着若干个研制方案,所以这种方法计算出的只是在各方案间进行比较的相对技术风险度。也就是说,它实际上并未回答装备研制技术风险究竟有多大这个问题。此外,各属性分级打分以及隶属度函数的形式等问题,也有待进一步探讨与分析。

3.5 费用风险估算关系

前面已经介绍了装备研制中常用的风险分析方法，这些方法的专业性较强，一般适合于专业人员使用，或由专业人员与项目管理人员共同完成分析工作。本节介绍的方法则不同，它们反映人们对项目风险进行分析的另一个方面。首先，这些方法的原理比较简单，容易掌握；其次，在这些方法的展开中必须经常借助于项目管理人员的经验以及他们对工程项目的认识和理解，因而这些方法更加适合项目管理人员使用。在具备有关条件时，方法的使用将回答工程项目的费用风险的幅度究竟有多大这样一个有价值的问题。

3.5.1 基本概念

常规的费用估算关系式以这样一种观察为基础，即看起来系统的费用与设计和性能变量有关，一般用回归分析的方法去分析独立变量（又称为解释变量）以说明这些变量与费用之间的基本关系机理，这种费用估算途径又称为参数法或参数费用估算，是费用分析人员重要的工具之一。建立这些关系的方法是：收集同类系统的费用数据，把它们同系统的有关技术特性（如质量、尺寸、功率等）联系起来，当某一组特性的组合经初步理论分析和试算，表明它们与因变量的相关程度较高时，则可认定相关关系成立。对于某些已经存在多年的系统，例如某型导弹或舰船船体，已经积累了足够多的数据，使人们能够建立这些费用估算关系，可将其用到新系统的费用估算中。目前，这种方法已被人们广泛地接受，并发展出各类回归分析技术。

这种费用估算关系式的成功应用使得人们自然地试图用相同的方式估算因风险而产生的费用，方法是找出研制项目的风险特性（用作解释变量）与经过历史验证的项目的费用风险幅度（如费用超支或某种形式的不可预见费用等）之间的关系，进行回归分析，将过去工程项目的实际的风险幅度表示为总费用的百分比，以得到一个方程，可用该方程估算新项目的费用风险幅度。

一方面，这种方法将新研制项目的若干风险特性用作解释变量，例如：①项目复杂性；②研制类似系统的经验及熟练程度；③系统定义的深度；④多用户。

在考虑每个特性的不同规模和重要度的基础上，为它们分派一个指定的变化区间，如项目复杂性$\in[0,5]$、研制类似系统的经验及熟练程度$\in[0,3]$、系统定义的深度$\in[0,3]$、多用户特性$\in[0,1]$，并规定在每一个特性上，研制的项目风险越大，则取值越大。

另一方面，项目管理人员根据自己的经验、理解以及对工程项目的认识，为以往的工程项目的每一个特性取定一个值，然后求和，并搜集它们相关的费用风险信息（费用超支等），与各特性值之和共同构成回归分析中要求的一组样本观察值。

收集足够多的样本，就可以建立诸如以下形式的回归方程：

$$y=(b_0+b_1x)\times100\%$$

或

$$y(b_0+b_1x+b_2x^2)\times100\%$$

式中：y 为项目费用风险幅度（百分比）；x 为项目费用风险特性之和。

作为一个示例，美国空军电子系统部曾为某电子设备的研制建立以下关系式：

$$y=(0.192-0.037x+0.009x^2)\times100\%$$

该关系式仅当 x 在 2～10 之间时适用。

采用这种方法估算覆盖项目预计的风险所需的附加费用，只有当通过研究且已经在相似工程项目中的关键风险特性与费用风险幅度之间建立有效的历史关系时才能使用。当项目管理人员了解并熟悉历史上的类似项目的有关情况时，这种方法最适用。若建立起这类关系式，则使用起来具有快速、方便的优点。

在美国，这种方法用于项目研制合同签订以前，对费用风险的程度进行估计，确定项目的管理储备金数额，这种管理储备金并不直接用作工程项目费用，而是用于风险决策和谈判中建立费用上限。

3.5.2 使用步骤

首先，通过分析，确定工程项目的风险特性，这需要项目管理人员的经验和对工程项目的认识。

其次，通过掌握的资料，搜集并判定以往类似的工程项目的这些特性值和对应的费用风险的幅度信息，这是整个分析过程中最困难的一步，因为找到足够多的类似样本往往是很难的，这要求足够多的积累（若根本就不存在这类样本，则不能采用这种方法）。

再次，搜集历史数据以后，使用回归分析处理这些样本就变得很简单。自变量的形式可以是各特性值的累加（如 3.5.1 节示例所示），也可以是它们的加权和（在各指标的变化范围相同的情况下，给各指标以不同的权重）或几何平均。若有足够多的样本，还可以做多元回归，以便更加明确地反映各变量对项目费用风险幅度“贡献”的大小。

最后，将项目风险特性值代入方程计算，即可得到该项目的费用风险幅度（占基本费用的百分比）。

以上步骤构成了建立模型的全过程。当然，如果有现成的模型，则应用起来就方便得多，即评定该项目的各个特性取值后，代入方程计算即可；但如果使用的不是自己开发的模型，则要十分注意模型对各特性值取值的限制和要求。一般来说，这类模型通常要附有很详细的使用说明，以便说明模型的来源、适用范围以及变量取值的等级规定等问题。如果有条件，应在使用前与模型开发者进行充分的交流，以便对模型的适用性等问题有更深入的理解。

3.5.3　使用示例

假定 3.5.1 节中的例子中的关系式成立，现有一同类项目待研制，该项目的管理人员判定其风险特性等级如下：

工程复杂性：3。

研制类似系统的经验及熟练程度：1。

系统定义的深度：1。

多用户：0。

则 $x=3+1+1+0=5$，代入方程可得 $y=23.2\%$，说明该系统的费用风险幅度可能达到原估算值的 23%之多。

该估算值应记录在案，以便待项目完成后与实际情况做对比，得出有关模型正确性的结论，并且还可以根据项目实际数据对模型进行修正（如有必要）。

3.5.4　其他问题

使用费用风险估算方法计算项目费用风险的正确性取决于两个因素：①回归方程的正确性；②项目管理人员对新研项目风险特性判断的正确性。回归方程的正确性亦取决于两个因素：①历史上类似项目的有关资料的完备性；②项目管理人员对它们的了解程度。因此，该方法主要依赖项目管理人员的素质（经验、认识及对工程项目的理解）和资料的积累，具备这些条件，该方法的可用性一般是较好的。据解，建立这样的回归方程一般需要花费 0.5～3 人·月的工作量。

该方法的实施提供显著增加费用估算（主要以包括已经发生的风险费用的历史数据外推为基础），以考虑风险的结果。由于风险资金主要以人员的定性判断为基础，所以如果要使用该方法，那么在使用其作为申请覆盖风险的附加资金的依据之前，更高一级的领导机关（例如资金管理及计划部门）可以要求作为正式审查过程的一部分，审查并验收所要使用的预计方程。

3.6 费用风险因子

费用风险因子方法的实现途径是确定因子或乘数，用它去提高某个系统或设备的费用估算值，以便覆盖由风险引起的额外费用。将该方法用于装备研制时，对装备的每一个分系统都逐个分析一遍，累计起来就是该装备研制的总的费用风险幅度。

3.6.1 基本概念

使用费用风险因子方法时，应对每一个分系统都进行分解，分解的详细程度视需要而定，可至设备级或部件级（在计算费用时称这样的单元为费用单元）。将系统分解为设备级的例子，如图 3.11 所示。

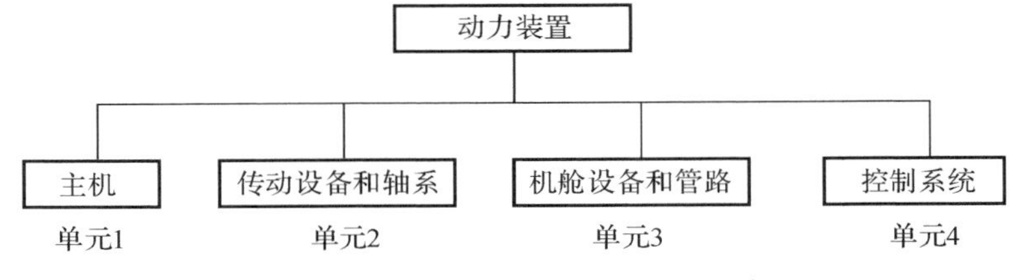

图 3.11 某舰动力装置设备级分解示意图

对每个单元都必须进行基本费用的估算，在此基础上对系统进行考察时，应对系统中的每个单元都建立一个风险因子，通常该因子在 1.0～2.0 之间，其取值含义为：1.0 表示单元研制没有风险，2.0 表示单元研制费用出于风险的原因将是基本估算值的 2 倍。

然后，将系统中的每个单元的基本费用值乘以其风险因子，得到一个新的费用估算值，这些新估算值相加得到一个预算值，它提供考虑项目研制技术风险或其他风险后所需的资金水平。

获取合理的单元费用的风险因子是该方法的关键，这可能非常困难（绝不像表面上看起来那么容易），很少有书面经验指导管理人员去将这样的因子具体化。由于这些因子对分析结果有显著的影响，因而从有丰富经验的技术专家那里获取信息就非常重要。换句话说，该方法的明显简化性并没有降低这个要求，即最富有经验的管理人员和技术人员在分析中起着关键的作用。一旦采用常规的费用估算方法确定基本费用估算值，则管理人员就应能够在相对短的时间内使用风险因子得到一个新的费用估算值，所需时间的长短取决于获取有关专家协助的难易性和要包括什么样详细程度的项目分解。

在美国，项目费用风险因子分析方法往往用于工程项目管理办公室编制工程项目规划等，有关资料显示，该方法也是构成美国陆军 TRACE 费用风险程序的组成部分之一。

在工程项目的寿命早期，当还不存在使用某些更完善的风险分析技术所需信息，或由于条件所限难以进行更详细的风险分析，并且存在一个按需要的费用单元分解的点费用估算时，就可以采用这种方法。在经验和定性判断的基础上，估算总的额外的工程项目费用，这个额外费用被认为是由技术和其他风险因素所引起的。

3.6.2　使用步骤

首先，对项目进行分解，得到其完整系统组成图，并逐个对系统进行分解（至设备级或部件级，视需要而定）。

其次，对每一个费用单元得到一个基本的费用估算值。若已经存在这样的估算值，则可直接使用；若没有，则应设法计算出来。计算可采用参数法、工程算法或类推比较法等。

以上两步可视为该方法的前提条件，不计入其使用步骤。

再次，对于每个费用单元，求得一个额外费用的百分比估算，这些额外开支用于完成由于风险引起的额外工作。应当寻求和使用具有丰富技术知识和具有丰富经验的工程项目管理人员的意见（或者就是由他们来完成）。相似系统的审查和历史经验也能提供可能包含多少风险的信息。若以前已经干过相似的事情，并由相同的人员负责现行工程项目时，则风险应当是较低的。必须牢记，过去的工程项目也有风险，因此在其基础上的参数费用估算也包含一些克服风险的费用。

最后，对每个单元的费用都用所求得的风险因子进行调整，并将所有单元费用相加，重新计算项目总费用。

3.6.3　使用示例

某舰主动力装置研制的费用风险估算结果如表 3.9 所示。

表 3.9 某舰主动力装置研制的费用风险估算

费用单元	基本费用/万元	风险因子	调整后费用/万元
主机	5 600	1.1	6 160
传动设备和轴系	1 700	1.2	2 040
机舱设备和管路	800	1.0	800
控制系统	670	1.426①	955.42
汇总	8 770		9 955.42

注:①该风险因子系由多个估计结果取平均值得到。

调整的结果显示,由于风险的原因导致该系统费用增加了 1 185.42 万元,其平均费用风险因子为 1.135。

3.7 风险评审技术

风险评审技术(VERT)是一种系统随机分析与计算机仿真技术相结合的风险决策定量分析技术。作为一种先进的网络管理工具,其模型的建立采用网络分析技术和蒙特卡罗仿真相结合的模拟方法,可以在各种信息不完全、不充分和不确定的情况下,对各种工程系统和工程项目的发展计划有关的时间(T)、费用(C)、性能(P)和可能发生的风险进行定量分析、全面评价、计划管理和控制监督。

3.7.1 VERT 原理背景知识

VERT 创始于 20 世纪 70 年代初期,最先应用于美国 F－18 战斗机的研制中。此后,其应用范围已从军用武器系统研制扩展到许多民用领域中。实践表明,这种网络分析技术在工程项目中有广泛的应用,它要求在工程项目活动、活动间关系和约束(时间、费用、技术等)的基础上建立网络。因为所有工程项目都有这些特性,所以该项技术对它们都适用,例如分标、工程项目评定等。目前,这项技术已由 VERT Ⅰ型发展到 VERT Ⅲ型,后者是 20 世纪 80 年代初开发出来的版本,反映国外网络技术发展的新成果。

VERT 的基本工作程序如下。

(1)明确分析对象。首先,从横向将工程项目(待研装备)分解成若干分系统,再将分系统分解为若干子系统或单项设备;其次,从纵向按照研制程序,将各子系统分解为若干研制工序,确定各个决策点。

(2)构造 VERT 逻辑网络。通过利用弧和逻辑点去模拟工程系统研制的网络流程和参数的逻辑关系，用节点代表决策点或一个活动阶段完成点，以弧代表活动工序，用所花费的时间、费用和所获得的性能来表示。

如果网络以已经存在的工程项目进度为基础，进行分析就比较容易，在这种情况下，分析人员可以进行必要的逻辑修改，以便能将网络信息更好地输入其软件程序。若网络不存在，则必须建立一个网络。将一个已经存在的网络转化的时间可能比建立一个新的网络所需的时间要少一些，这就提醒我们，如果工程项目已有进度安排，那么建立 VERT 网络的工作就会大大简化。

(3)搜集、整理与各种活动有关的 T、C、P 数据。用各种统计分布或直方图、数学关系式部分或全部地模拟各种活动的 T、C、P 值。

(4)计算机仿真运算。根据置信水平的要求确定仿真迭代次数，一般为 1 000～6 000 次。

(5)分析仿真结果。在分析中可修正原始数据条件，再重新运行，进行风险灵敏度分析，并以概率分布形成仿真输出。

VERT 运行流程如图 3.12 所示。

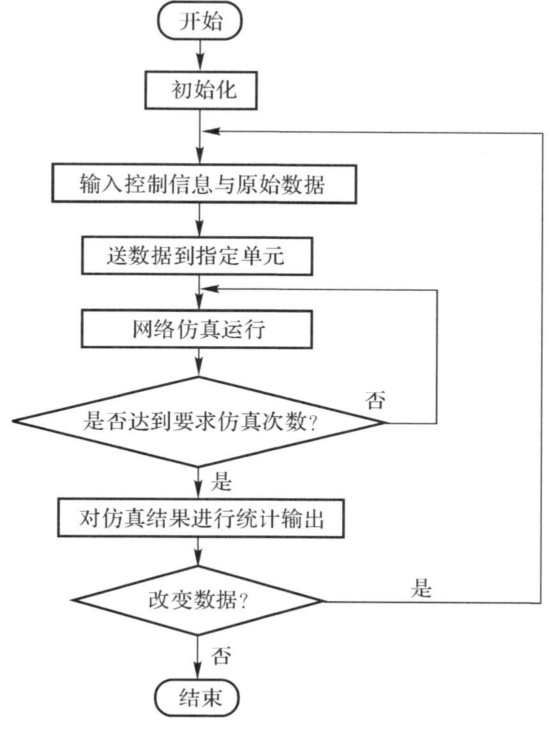

图 3.12　VERT 运行流程

下面以舰船装备的研制为例，分别介绍用 VERT 方法进行研制风险分析的原理、实现手段及使用方式等问题，对其他装备的研制分析与此完全相同。

3.7.2 VERT 原理其他问题

如前所述，这种方法的应用是在项目分解、基本费用估算的基础上，更多地通过管理(或技术)人员的主观判断来完成的，这些人员了解工程项目及其现行状态和潜在的问题区域，但是不同的人由于经验、经历以及认识上的不同，仍会给出有差异的结果。因此，进行判断的人员的知识和技能将会影响结果的可靠性，改进的方式是：①从有经验的技术专家那里得到支持；②由多人进行判断并进行充分的讨论；③将判断的论据以书面的形式记录下来，并整理成册；④如有可能，寻求以往类似系统研制的数据支持，尽量使主观判断客观化。

一旦判断形成，则总的计算结果可以在很短的时间(例如一小时或数小时)内得到。

此外，若以该方法计算的结果作为申请费用的主要依据，则应将该方法的应用写成研究报告。

3.7.3 VERT 原理基本概念

如前所述，VERT 是一种基于网络图的随机仿真技术。

网络图是一种由节点、弧及弧上的权所构成的有向图。在实际应用中，网络图可用来表示一个工程项目或研制任务的实施过程。

网络图中的每一条弧表示一个工序，工序往往是指整个项目中，在工艺技术和组织管理上相对独立的工作或活动，一个较复杂的项目一般总是可以分解为若干个工序。

网络图中的节点表示一个或多个工序的开始或结束，每一个工序都有一个开始节点和一个结束节点，一个节点往往同时作为一个或多个工序的结束节点和另外一个或多个工序的开始节点。若某些(条)弧以某个节点作为结束节点，则称这些(条)弧为该节点的输出弧；若某些(条)弧以某个节点作为开始节点，则称这些(条)弧为该节点的输入弧。节点和弧的连接方式定义项目中各个工序的实施次序。整个项目的开始和结束也用节点来表示。在 VERT 网络中，节点具有多种逻辑形式，节点的逻辑形式确定该节点本身以及其所有输出弧的实现条件和实现方式。

每个工序的完成往往都要花费一定的时间和资源并达到一定的效果，工序中的这些属性用弧上的权表示。在 VERT 网络图中，弧上的权是三维的，它由完成工序所需的时间(T)、完成工序所需的费用(C)、完成工序所达到的性能(P)所组成，T、C、P 可以是一个确定的值，也可以是一个具有一定分布规律的随机数。根据开始节点的逻辑形式，在某些弧上相应地还具有弧的实现条件或实现概率。

VERT 的网络图本身构成一个流图，T、C、P 这 3 个指标形成一定的流量，通过弧和节点而流动，程序中的判断逻辑能够将节点的输入弧按照其不同的逻辑类型分别加以处理，然后把处理的流量转移到输出弧中。

以网络时间为例，这类模拟实际上就是将若干已知输入变量的分布，通过某些(经分析后确定的)组合法则，经过计算后得出特定的输出分布的过程，如图 3.13 所示。

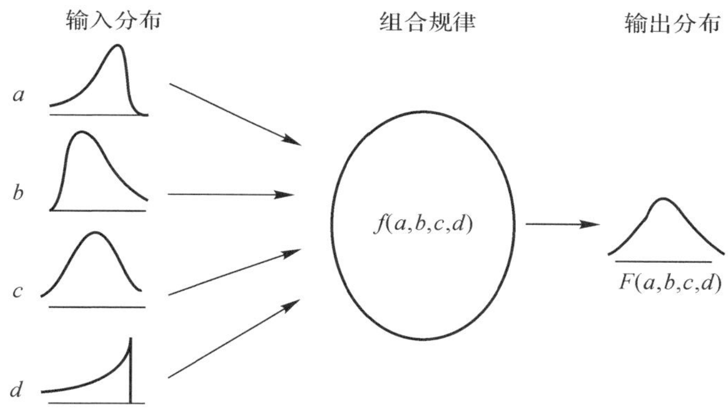

图 3.13　网络时间的模拟过程示例

在 VERT 中，有两种方式来表示其不确定性。

(1)活动可以有不确定的输出，如完成时间、费用或达到的技术性能水平。一般来说，技术性能作为一个固定的参数(或时间、费用的函数)，而另外两个则是可变的。

(2)从一个节点输出的那个活动只能用一种随机方式来预计。例如，一个试验输出(通过/失败)可以确定下一事件是继续执行还是采取纠正措施。由于试验输出不能肯定地预计，因而它是一种随机情形。网络模型中用下述方法表示这一点：表示试验活动完成的输出至少有两条弧。分析人员可以给弧指定概率函数，以表示在时间或费用限制内完成的相应概率，或表示满足性能水平的相应概率。

网络模型之所以能真实地模拟工程项目，其中一个重要原因就是各种各样的“节点逻辑”。节点逻辑是指一些特殊法则，如确定什么时候通过一个决策点，什么时候有一后继活动开始。VERT 程序允许用“和”“或”输入节点逻辑，允许使用“确定型”“随机型”的输出节点逻辑。这两种输入逻辑类型确定是必须完成所有可能输入节点的弧中全部（“和”逻辑）都完成才能激活该节点，还是仅有一条（“或”逻辑）完成才能激活该节点，还是至少有一条（“或”逻辑）完成就能激活该节点；两种输出逻辑确定是节点激活后，所有的弧（“确定型”逻辑）都开始还是仅有一条弧（“随机型”逻辑）开始。

3.7.4 VERT 网络的参数

时间、费用和性能是 VERT 网络中的 3 个基本参数。在弧上具有这个参数的初始值和累积值，节点上具有这个参数的累积值。弧上的初始值就是完成该弧所需的时间、费用和所达到的性能；弧上的累积值等于其开始节点的累积值加上该弧的初始值，表示网络完成该弧所累积发生的时间、费用和性能。节点上费用的累积值就是从网络的初始节点到该节点的所有路径上所有已完成弧的费用初始值之和，节点上性能和时间的累积值的计算方式则与节点的逻辑形式有关，节点上的累积值表示网络进行到该节点所需的累积时间和费用以及所达到的累积性能，网络终止节点的累积值表示完成整个网络所需的时间、费用和所达到的性能。

弧上 T、C、P 的初始值是在仿真计算中根据弧上这 3 个参数的分布规律随机产生的，若弧失败，则这个初始值都为零。弧和节点上的累积值则是根据相关弧的初始值计算得到的。

3.7.5 VERT 网络逻辑

VERT 网络图不仅可以表示出整个项目中各工序在实施上的次序关系，而且可以表示出各工序在实施上更为复杂的关系，这些复杂的关系主要通过具有多种逻辑形式的网络节点来表示。节点用方框来表示，每一个常用的 VERT 网络节点都包含一种输入逻辑和输出逻辑（见图 3.14），即

输 入 逻 辑	输 出 逻 辑

图 3.14　节点方框

输入逻辑用来表示节点前(输入节点)的各项活动对节点的影响关系,输出逻辑则用来表示节点对节点后(从节点输出)的各项活动的影响关系。通过输入、输出逻辑,就把输入节点和输出节点的各项活动间的关系表示出来了。

VERT 网络节点具有 4 种基本的输入逻辑和 6 种基本的输出逻辑。

1. 输入逻辑

(1)起始(INIT)输入逻辑:功能是启动网络,具有这种逻辑的节点就是整个网络的开始节点,一个网络可以具有多个开始节点。这种节点的 3 个累积值都为零。

(2)与(AND)输入逻辑:只有所有的输入弧都成功,具有此逻辑的节点才能成功。如有一条输入弧失败,则该节点失败,且该节点的所有输出弧都将失败。其累积时间和性能的计算规则为:时间是所有输入弧中累积时间值最大者,性能是从网络开始节点到该节点的所有成功路径上的所有弧的初始性能值之和。若节点失败,则性能值置为零,时间的计算同前。

(3)部分与(PARTIAL AND)输入逻辑:只需一条输入弧完成,节点即算成功,但还必须等待所有的输入弧到达或失败,才能开始启动其输出弧。若所有的输入弧都失败,则该节点失败。其时间和性能值的计算和与输入逻辑一样。

(4)或(OR)输入逻辑:只需一条输入弧完成,节点即算成功,且不需要等待其他的输入弧。如果所有的输入弧都失败,则该节点失败。其累积时间和性能值是最先到达的成功输入弧的累积时间和性能值。若节点失败,时间和性能值都置为零。

2. 输出逻辑

(1)终止(TERMINAL)输出逻辑:功能是终止整个网络,具有这种逻辑的节点即为整个网络的终止节点。一个网络可以有多个终止节点。

(2)全部(ALL)输出逻辑:这种节点将启动该节点的所有输出弧。

(3)蒙特卡罗(MONTE CARLO)输出逻辑:在每次仿真中都用蒙特卡罗方法随机地启动一条输出弧,而将其他的输出弧置为失败。这种节点的所有输出弧都应具有一个实现概率,且它们的实现概率之和应等于 1。

(4)滤波 1 型(FILTER 1)输出逻辑:该节点根据本节点的 T、C、P 累积值,启动那些弧上的 T、C、P 约束条件能得到满足的输出弧。若所有的具有约束条件的输出弧都不能启动,则启动唯一的且必须存在的无约束条件的输出弧。

(5)滤波2型(FILTER 2)输出逻辑:这种逻辑必须与部分与输入逻辑配合使用,这种节点根据到达本节点的成功输入弧的数量,启动那些输入弧数量的限制能得到满足的输出弧。如果所有的具有约束条件的输出弧都不能启动,则启动唯一的且必须存在的无约束条件的输出弧。

(6)滤波3型(FILTER 3)输出逻辑:其输出弧的启动条件是其他弧的实现状态,即在某些弧成功和(或)某些弧失败时才启动,同样也必须具有唯一一条无约束条件的输出弧,以在其他输出弧都不能启动时启动。

3.7.6 VERT网络图示例

编制网络图的过程中,最重要的是选择适当的网络详细等级。一般认为,在建立工程项目结构的详细模型之前,应当完成高层次的模型。高层次网络更实际地确定详细级网络应包含什么。然而,高层次网络也包含比详细模型更多的不确定性。随着工程项目要求和信息越来越多,网络模型将进入更详细的层次。

图3.15为某舰研制的VERT网络图(局部),根据对该舰的系统和对每个系统研制阶段的分解,以及所搜集到的研制活动的有关资料和项目研制需要,分析的结果是:该舰的研制网络图由80项研制活动(工序)和51个决策节点构成。为方便起见,研制活动的名称直接用中文标识在图上。

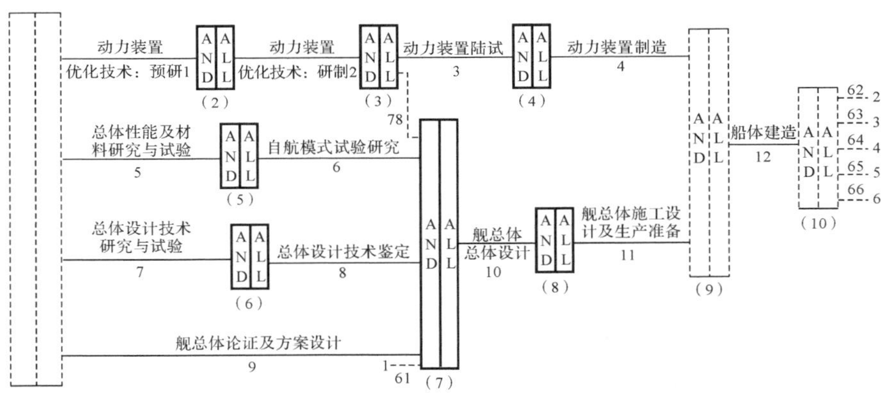

图3.15 某舰研制的VERT网络图(局部)

在此基础上,根据对各项研制活动之间的逻辑关系的分析,网络图上分别采用3种输入逻辑和3种输出逻辑,它们分别是:

输入逻辑:INIT、AND、OR。

输出逻辑:ALL、MONTE CARLO、TERMINAL。

3.7.7　VERT 计算机实现:流程图

由于 VERT 网络具有多种复杂的逻辑节点,且弧上的 T、C、P 值具有随机性,因而不可能采用解析方法对 VERT 网络进行计算求解,而只能采用随机仿真的方法求出网络运行的统计结果。所谓随机仿真,就是在给定的网络上模拟运行若干次,每次运行时都将所有的随机参数按其分布规律随机地取一个确定的值,从而得到一个网络运行的确定结果。将多次模拟运行的结果进行综合,即可得到网络运行的统计结果。下面,给出计算机对 VERT 网络进行仿真计算的流程图以及流程图中各主要步骤所采用的处理方法(见图 3.16)。

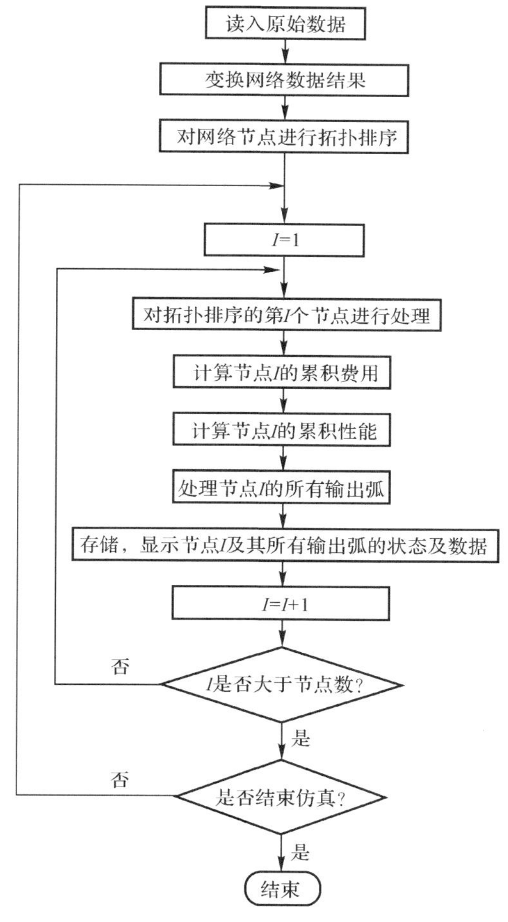

图 3.16　VERT 流程图

3.7.8　VERT 计算机实现:表示网络形式的数据结构

在用计算机对网络进行处理之前,首先必须用一组数据将一个图形形式的网络在计算机内表示出来,其关键就是要表示出网络中各弧和节点之间的连接关系。一般有两种表示方式,一是以弧为中心的表示方式,二是以节点为中心的表示方式,这两种表示方式需采用不同的数据结构。

(1)以弧为中心的数据结构。由于网络中的每条弧都只有一个开始节点和一个结束节点,因而用如表 3.10 所示的二维表即可表示出整个网络的构成形式。

表 3.10　VERT 网络构成形式

弧的编号	开始节点编号	结束节点编号
A_1	B_1	E_1
A_2	B_2	E_2
⋮	⋮	⋮
A_n	B_n	E_n

(2)以节点为中心的数据结构。由于网络中的每个节点所具有的输出弧和输入弧的数量都是不一定的,这时就需要采用一种邻接表的数据结构来记录每个节点的输出弧和输入弧,如图 3.17 所示。

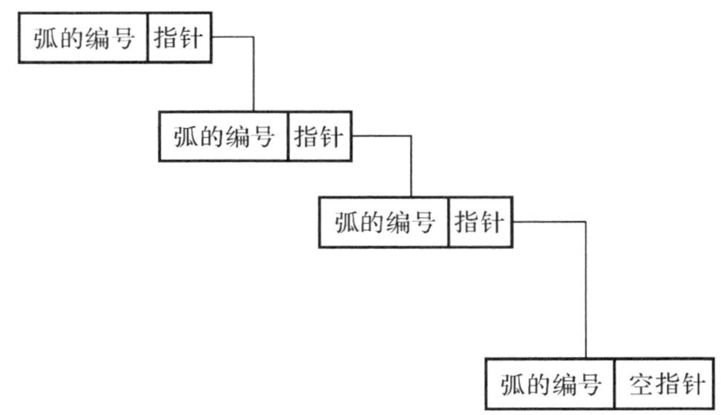

图 3.17　VERT 的数据结构

以弧为中心的数据结构比较简单,所需存储空间较少,便于进行文件操作,因而原始数据的输入和存储采用这种数据结构。但是,对网络的仿真计算是以节点为中心进行的，即首先要对节点进行处理，然后对节点的所有输出弧进行处理，且对节点的处理需要依据其所有输入弧的状态进行，所以进行仿真计算时就必须采用第 3 种数据结构。因此在仿真计算前需对网络的数据结构进行变换。

3.7.9　VERT 计算机实现：对节点的拓扑排序

一个网络在实际运行时其很多弧和节点都是并发进行和产生的，由于所用工具的限制，计算机在模拟网络运行时只能对节点和弧进行串行处理，这就存在一个对节点和弧的处理次序的问题。根据网络逻辑的要求，在对某个节点进行处理时，该节点的所有输入弧都必须被处理完，在以节点为中心对网络进行处理的情况下，即要求在处理某个节点时，其所有输入弧的开始节点都必须首先被处理完，因而对各节点的处理就必须按一定的次序进行，这样在进行仿真计算之前就需要排定一个满足网络逻辑要求的各节点的处理次序，这里称之为拓扑排序。拓扑排序的算法如下。

设网络中有 N 个节点。

①将所有节点都置为未排序状态。②令 $I=1$。③在所有未排序的节点中寻找一个输入弧数量为零的节点。若找到这样一个节点 K，则节点 K 的拓扑排序为 I，置节点 K 为已排序状态，删除节点区的所有输出弧；若找不到这样的节点，则网络中存在回路，退出。④若 $I=N$，则完成拓扑排序，退出；否则，令 $I=I+1$，转到③。

3.7.10　VERT 计算机实现：节点累积值的计算

节点的累积时间可根据其输入逻辑和各输入弧的累积时间简单地求得；而节点的累积费用只有在节点只有一条输入弧的情况下，才能直接根据其输入弧的累积费用求得；节点的累积性能也只有在只有一条输入弧或者节点输入逻辑为“OR”的情况下，才能直接根据其输入弧的累积性能求得。

设 L 为网络中总的工序个数，m 为模拟次数，则对应于每一个工序之 i $(i=1,2,\cdots)$，根据所选择的概率分布和参数每进行一次模拟，可分别得到一个 X_{Ki}^{c} 和一个 X_{ki}^{t}（X_{Ki}^{c} 为第 K 次模拟时，第 i 道工序所需的费用；X_{ki}^{t} 为对应所需的时间）。

设 e 为网络中的节点个数，T_{Kj} 表示第 K 次模拟时在第 j 个节点处所需的时间 $(j=1,2,\cdots,e)$。显然，当 $j=1$ 时，$T_{Kj}=0$。

对 $j=2$ 以后的各个节点，T_{Kj} 的计算公式为或型输入：

$$T_{Kj}=\min\{X_K^t\{i\}_p+T_{Kp}\},\quad p<j$$

与型输入：

$$T_{Kj}=\max\{X_K^t\{i\}_p+T_{Kp}\},\quad p<j$$

式中：p 为第 j 个节点前与每 i 个节点有直接工序连接的节点序号；$\{i\}_p$ 为第 j 个节点与第 p 个节点之间的工序号。在其他情况下，对节点的累积费用和累积性能都必须做专门的处理，这里采用对从网络开始节点到所处理节点间的局部网络进行遍历的方法来计算节点的累积费用和累积性能，在程序实现上采用递归函数。下面，分别给出求节点累积费用和累积性能的递归函数的伪代码。

(1)求节点 K 的累积费用的递归函数。

置累积费用初始值：$c=0$。

置网络中的所有节点为未处理状态。

```
function cnc(K)
    BEGIN
    IF(节点 K 为未处理状态且其开始逻辑不为"INIT")
  {
    do{
      从节点 K 的输入弧邻接表中顺序取出一条输入弧 I；
      将弧 I 的初始费用值累加到 c 上；
      取得弧 I 的开始节点 K1；
      调用函数 cnc(K1)；
      置节点 K1 为已处理状态；
      }while(输入弧邻接表未空)；
  }
END
```

(2)求节点 K 的累积性能的递归函数。

置累积性能初始值：$P=0$。

置网络中所有节点为未处理状态。

```
function cnp(K)
    BEGIN
    IF(节点 K 为未处理状态且其开始逻辑不为"INIT")
  {
    do {
      从节点 K 的输入弧邻接表中顺序取出一条输入弧 I；
```

```
    IF(弧 I 成功)
      {
      将弧 I 的初始性能值累加到 P 上;
      取得弧 I 的开始节点 K1;
      调用函数 cnp(K1);
      置节点 K1 为已处理状态;
      }
      }while(输入弧邻接表未空);
  }
END
```

3.7.11 对 Beta 分布的进一步分析和处理

采用 VERT 方法进行舰船研制风险分析的第 2 步是通过利用弧和逻辑点去模拟工程系统研制的网络流程和参数的逻辑关系。用节点代表决策点或一个活动阶段完成点;以弧代表活动,用所花费的时间、费用和所获得的性能来表示。相应的第 3 步是搜集、整理与各种活动有关的 T、C、P 数据。用各种统计分布或直方图、数学关系式部分或全部地模拟各种活动的 T、C、P 值。

通过分析,并参照通常的做法,推荐首选 Beta 分布来对各项研制活动的 T、C、P 指标进行模拟。

Beta 分布的密度函数为

$$f(x)=\frac{1}{(b-a)^{p+q+1}\beta(p,q)}(x-a)^{p-1}(b-x)^{q-1}$$

$$a\leqslant x\leqslant b$$

式中:$\beta(p,q)=\int_0^1 x^{p-1}(1-x)^{q-1}\mathrm{d}x$ 为 Beta 函数。

3.7.12 常规的处理办法

产生 $\beta(p,q)$ 分布随机数的一般方法是利用 Beta 分布与 Gama 分布之间的关系。若 X_1 和 X_2 分别是 $\Gamma(p,1)$ 和 $\Gamma(q,1)$ 分布的随机数,则

$$X=\frac{X_1}{X_1+X_2}$$

即为 $\beta(p,q)$ 分布的随机数。因此,可以利用产生 Gama 分布随机数的方法来产生 Beta 分布的随机数。

产生 $\Gamma(p,1)$ 分布随机数的方法又分 $0<p<1$ 和 $p>1$ 两种情况,以 $p>$

1 为例,其快速算法如下:

令

$$a=(2p-1)-1/2$$
$$b=p-\ln 4$$
$$q=p+1/p$$
$$\theta=4.5$$

(1)产生[0,1]独立均匀的随机数 r_1、r_2。

(2)令

$$\upsilon=p\ln[r_1/(1-r_2)]$$
$$x=pe\upsilon$$
$$y=r_1r_2$$
$$\omega=b+q\upsilon-x$$

(3)若 $\omega+d-\theta y\geqslant 0$,则 x 为所求随机数;否则,转至(4)。

(4)若 $\omega\geqslant \ln y$,则 x 为所求随机数;否则,转至(1)。

3.7.13 常规的处理方法存在的问题

对一些特殊的形状参数 p 和 q(如其中有一个为 1.0 等情况),还有一些较为简便的算法来产生 $\beta(p,q)$分布的随机数。

分析一下 Beta 分布的密度函数就会发现,只要确定 q、p 的值,该 Beta 分布就被唯一地确定,而人们通常在使用 Beta 分布时,采用 3 个估计值:

a(乐观估计)$-m$(中值)$-b$(悲观估计)

来近似计算 Beta 分布的特征值。在近似计算时,可采用下式计算其均值及方差:

$$\mu=\frac{a+4m+b}{6}$$

$$\sigma^2=\frac{(b-a)^2}{36}$$

在通常的情况下(例如在 PERT 的分析中),做这样的计算就足够了,但是在模拟的情况下,若用剔除法产生随机数,则要求计算出 $f(x)$的函数值,且输入 a、m、b 值和 Beta 分布所用参数 p、q 值。联系不上,Beta 分布又无解析值(因 Beta 函数和 Gama 函数一样,没有简单的解析表达形式值),故输入 a、m、b 值无法利用 Beta 分布的密度函数进行模拟。

简而言之,Beta 分布的参数(p、q)和人们通常为使用 Beta 分布所提出的

估计值 $a-m-b$ 之间没有直接关系，这里的任务就是要找出这种关系。

3.7.14 处理方法

经进一步分析，发现在 p、q 中令一值等于 2.0，即可求出另一值。

当 $p=q=2.0$ 时，代入计算可知，Beta 分布的密度函数为抛物线(且对称)，m 即为其均值，即 m 点位于抛物线的顶点处。当 m 值偏前或偏后时，即可令 p、q 中的一个为 2.0，从而用数学分析的原理解出另一个。在模拟中，可以用此结果作为 Beta 分布的一个近似解。

(1)当 $m\leqslant\dfrac{a+b}{2}$ 时，令 $q=2$ 则有

$$f(x)=k(x-a)^{p-1}(b-x)$$

其中

$$k=\frac{1}{(b-a)^{p+q-1}\beta(p,q)}$$

令 $f'(x)=0$，解得

$$p=\frac{b-a}{b-x}$$

又当 $f'(x)=0$ 时，$x=m$，故

$$p=\frac{b-a}{b-m}$$

(2)当 $m>\dfrac{a+b}{2}$ 时，令 $p=2$，则有

$$f(x)=k(x-a)(b-x)^{q-1}$$

令 $f'(x)=0$，解得

$$q=\frac{b-a}{x-a}$$

又当 $f'(x)=0$ 时，$x=m$，故

$$q=\frac{b-a}{m-a}$$

由此推导得到以下使用步骤。

(1)输入 a、m、b 值。

(2)当 $m\leqslant\dfrac{a+b}{2}$ 时，有

$$q=2,\quad p=\frac{b-a}{b-m}$$

$$f(x)=\frac{p(p+1)}{(b-a)^{p+1}}(x-a)^{p-1}(b-x)$$

此时 Beta 分布的均值为

$$E(x)=b-\frac{2(b-a)(b-m)}{3b-2m-n}$$

曲线的形状如图 3.18 所示。

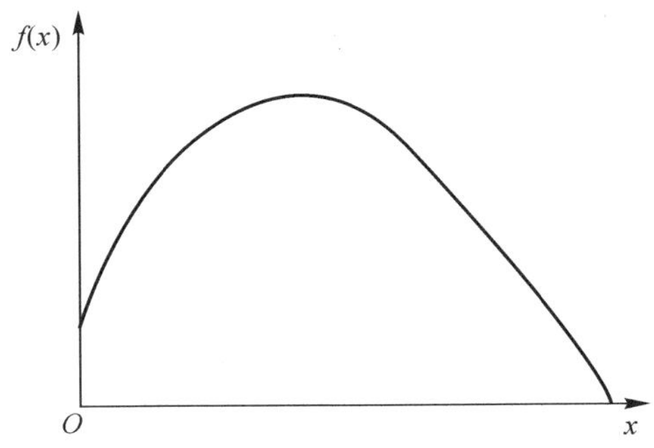

图 3.18 Beta 分布(一)

当 $m>\frac{a+b}{2}$ 时,有

$$p=2,\quad q=\frac{b-a}{m-a}$$

$$f(x)=\frac{q(q+1)}{(b-a)^{q+1}}(x-a)(b-x)^{q-1}$$

同理,也可求出其分布均值。曲线的形状如图 3.19 所示。

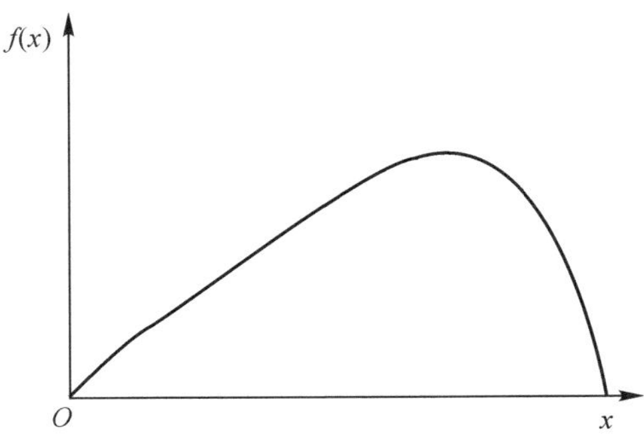

图 3.19 Beta 分布(二)

若 $a=0$，$b=1$，当 $m\leqslant\frac{1}{2}$时，令 $q=3$，可得

$$p=\frac{1+m}{1-m}$$

$$f(x)=\frac{p(p+1)(p+2)}{2}x^{p-1}(1-x)^2$$

曲线的形状如图 3.20 所示。

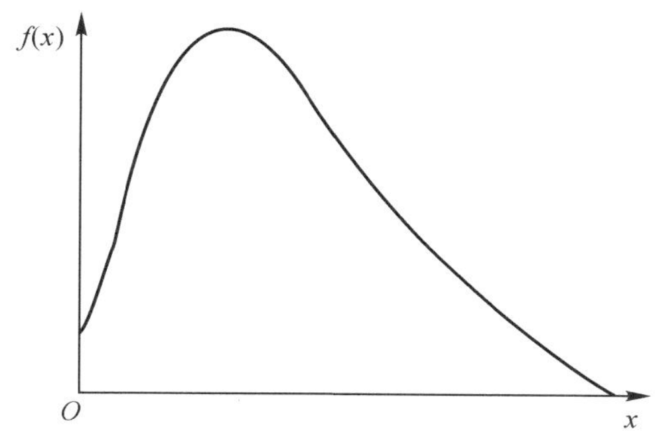

图 3.20　Beta 分布(三)

当 $m>\frac{1}{2}$时，令 $p=3$，可得

$$q=\frac{2-m}{m}$$

$$f(x)=\frac{q(q+1)(q+2)}{2}x^2(1-x)^{q-1}$$

曲线的形状如图 3.21 所示。

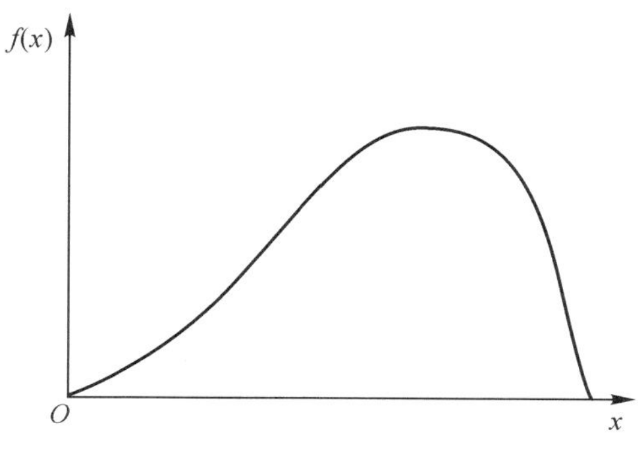

图 3.21　Beta 分布(四)

对四次以及更高次函数的推导过程略。

从处理的结果分析，当选用二次函数及三次函数时，曲线的形状是类似的，只是当假设函数的次数越高时，曲线也就越陡，即分布密度呈集中趋势，相应的方差也就越小，如图 3.22 所示。

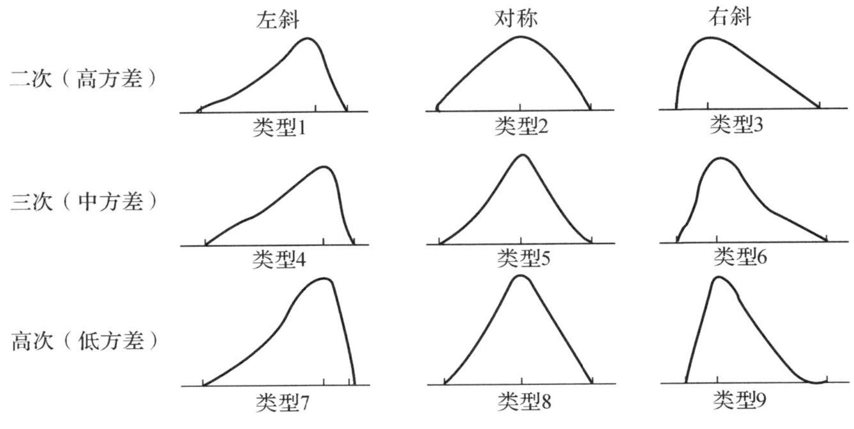

图 3.22　Beta 分布的方差类型

当实际使用时，推荐采用二次函数和三次函数的形式(尤其是当工程项目尚未完全展开，因而有关信息较为模糊时)，只有当信息较为明确时，才适于采用次数较高的分布函数类型。

3.8　其他常用的分布形式及选择准则

在舰船及其他武器装备研制的风险分析中，除 Beta 分布外，还有一些分布形式也是经常采用的，对它们的数学处理也比较方便，在此一并介绍如下(以下部分分布的随机变量的产生需要用到逆变换法，关于这种方法的转换原理，请参阅有关文献)。

3.8.1　均匀分布

密度函数：

$$f(x)=\begin{cases}\dfrac{1}{b-a}, & a\leqslant x\leqslant b\\ 0, & x<a, x>b\end{cases}$$

分布函数：

$$F(x)=\begin{cases}\dfrac{x-a}{b-a}, & a\leqslant x\leqslant b\\ 1, & x>b\end{cases}$$

参数：a、b 均为实数，$a<b$，a 为位置参数，$b-a$ 为尺度参数。

范围：$[a,b]$。

平均值：$(a+b)/2$。

方差：$(b-a)^2/12$。

均匀分布的密度函数和分布函数的图形如图 3.23 所示。

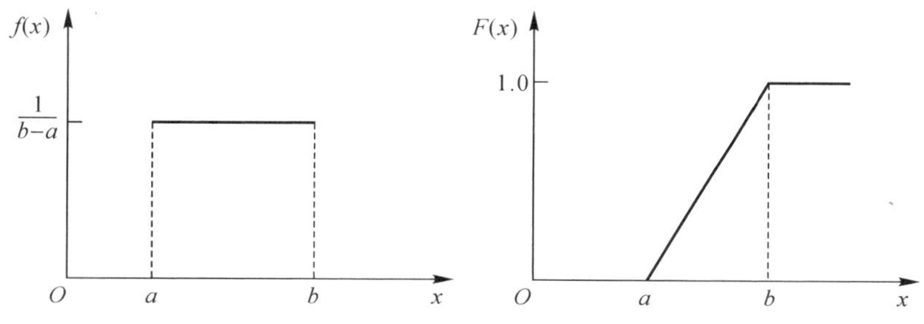

图 3.23　均匀分布的密度函数和分布函数

均匀分布是十分重要且应用非常普遍的一种分布函数，它是产生其他随机变量的基础。

当对工程项目的指标判断较为含糊，而估计者与分析者均很难区分任意两个值中何者更有可能，仅仅能大致给出变量（例如某研制工序的 T、C、P 值）的变化范围时，适合采用可能区间中的均匀分布。这种分布要求的信息量少而简单，所以在估计和分析时还是有用的，但是显然它距实际情况较远。例如，估计某研制阶段的费用消耗是 230 万元～300 万元，并假定它在 230 万元～300 万元之间以等概率密度分布，就很难解释为什么 229 万元或 301 万元就突然完全不可能。因此，如果可能，应尽量避免采用均匀分布，但也应当看到，即便是这样的粗略估计也比确定性估计要符合实际，如果估计费用就是 270 万元，其他数值都不可能，就更不符合实际情况。

因此，这种均匀分布常常只用于变化影响不太大（如灵敏度不高）的因素，实际使用时常将取值区间估计得比实际情况要大。

产生均匀分布随机变量的逆变换法如下（设 U 为 $[0,1]$ 区间上均匀分布的随机数，下同）：

令 $U=\dfrac{x-a}{b-a}$，则有

$$X = a + (b-a)U$$

算法为：

(1)产生 U；

(2)输出 $X = a + (b-a)U$。

3.8.2 三角分布

密度函数：

$$f(x) = \begin{cases} \dfrac{2(x-a)}{(m-a)(b-a)}, & a \leqslant x \leqslant m \\ \dfrac{2(b-x)}{(b-m)(b-a)}, & m < x \leqslant b \\ 0, & x > b \end{cases}$$

分布函数：

$$F(x) = \begin{cases} \dfrac{(x-a)^2}{(m-a)(b-a)}, & a \leqslant x \leqslant m \\ 1 - \dfrac{(b-a)^2}{(b-m)(b-a)}, & m < x \leqslant b \\ 0, & x < a, x > b \end{cases}$$

参数：a、m、b 均为实数，$a < m < b$，a 为位置参数，$b-a$ 为尺度参数，m 为形状参数。

范围：$[a, b]$。

平均值：$(a+m+b)/3$。

方差：$(a^2+b^2+m^2-ab-am-bm)/18$。

众数：m。

三角分布的密度函数图形如图 3.24 所示。

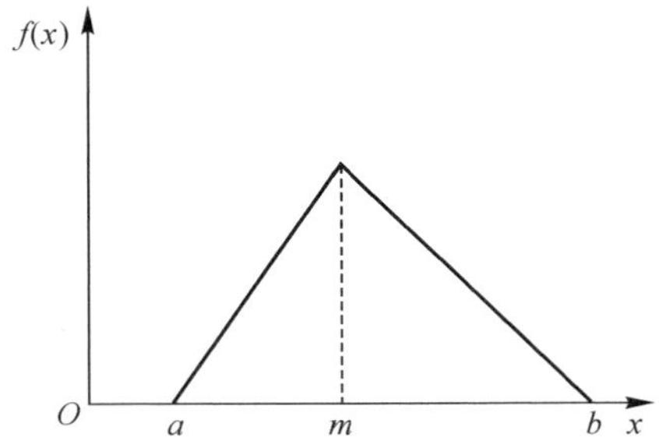

图 3.24 三角分布的密度函数

三角分布与均匀分布的选择相比，掌握信息的明确程度有较大的提高，这时不仅给出变量的变化范围(如 230 万元 ～ 300 万元)，而且还给出最可能值大致上位于何处(如 270 万元)，它可以作为较复杂的对称或非对称分布(如低方差的 Beta 分布)的一种近似。和其他分布相比，该分布使用起来亦较为方便。

产生三角分布随机变量的逆变换法的算法可推导如下。

令

$$X=F^{-1}(U)=\begin{cases} a+[(m-a)(b-a)U]^{\frac{1}{2}}, & 0\leqslant U\leqslant\dfrac{m-a}{b-a} \\ m+[(n-a)U-(m-a)(b-m)]^{\frac{1}{2}}, & \dfrac{m-a}{b-a}<U\leqslant 1 \end{cases}$$

算法为：

(1)产生 U；

(2)若 $U\leqslant\dfrac{m-a}{b-a}$，输出 $X=a+[(m-a)(b-a)U]^{\frac{1}{2}}$；若 $U>\dfrac{m-a}{b-a}$，输出 $X=m+[(b-a)U-(m-a)(b-m)]^{\frac{1}{2}}$。

3.8.3　梯形分布

密度函数：

$$f(x)=\begin{cases} Y_0\dfrac{x-a}{m-a}, & a\leqslant x\leqslant m \\ Y_0, & m<x\leqslant l \\ Y_0\dfrac{b-x}{b-l}, & l<x\leqslant b \\ 0, & x>b \end{cases}$$

其中

$$Y_0=\frac{2}{b+l-m-a}$$

参数：$a<m<b$，a 为位置参数，$m-a$、$l-m$、$b-l$ 为尺度参数，m、l 为形状参数。

范围：$[a,b]$。

平均值：

$$\mathrm{MX}=\frac{1}{6}Y_0(b^2+bl+l^2-m^2-ma-a^2)$$

方差：

$$DX=\frac{1}{12}Y_0\left[(b^2+l^2)(b+l)-(m^2+a^2)(m+a)\right]+$$

$$\frac{1}{12}Y_0(MX)^2(b+l-m-a)-2(MX)^2$$

梯形分布的密度函数图形如图 3.25 所示。

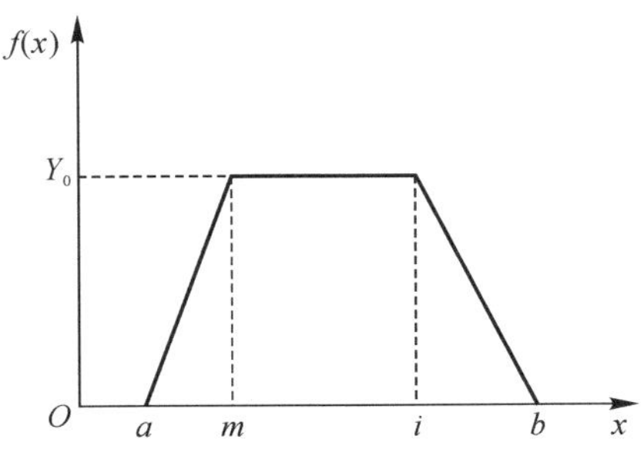

图 3.25　梯形分布的密度函数

如果对工程项目(舰船研制)的某项工序的研制情况所掌握的信息不足以让我们选择三角分布的话,可以选择梯形分布,即和选择三角分布相比,选择该分布对信息明确程度的要求降低。在这里,变量的最可能值是一个变化范围,而不是一个点,即此时对变量的最可能值有所估计,但是又估计不准,只是知道一个区间,相应于在正常情况下的取值;另外,又估计出在极端情况下的最小值和最大值,极端情况与正常情况之间即属于不正常情况,发生的概率比正常情况下要小,这里用直线相连。

例如,在正常情况下某研制工序消耗在 240 万元～280 万元之间,估计者也不确定 240 万元与 280 万元或其间各值之中哪个值更有可能,在极端情况下,可能波动在 230 万元～300 万元之间,而 230 万元～240 万元以及 280 万元～300 万元这些不正常情况出现的可能性比正常情况要小,此时便可用梯形分布来描述。

此外,梯形分布也可作为诸如高方差的 Beta 分布等的一种近似,但与三角分布相比,使用的方便程度降低了。

要产生梯形分布的随机变量,推荐采用剔除法。剔除法也是一种利用均匀分布随机数产生其他分布随机数的方法,将均匀分布的随机数序列中不满足这一条件的数值剔除,可得到一个新的随机数序列。

采用剔除法产生梯形分布随机变量的算法为:

(1)产生两个相互独立的[0,1]区间均匀分布的随机数(U'_1,U'_2);

(2)令 $U_1=a+U'_1(b-a)$，$U_2=Y_0U'_2$；

(3)若 $U_2\leqslant f(U_1)$，输出 U_1；否则，返回(1)。

该算法的抽样概率为

$$P=\frac{1}{Y_0(b-a)}$$

3.8.4　正态分布

密度函数：

$$f(x)=\frac{1}{\sqrt{2\pi}\sigma}\mathrm{e}^{-(x-a)^2/2\sigma^2},\quad -\infty<x<\infty$$

分布函数：

$$F(x)=\int_{-\infty}^{x}\frac{1}{\sqrt{2\pi}\sigma}\mathrm{e}^{-(t-a)^2/2\sigma^2}\mathrm{d}t$$

参数：a 为位置参数，σ 为尺度参数。

范围：$(-\infty,\infty)$。

平均值：a。

方差：σ^2。

当 $a=0,\sigma^2=1$ 时，相应的分布 $N(0,1)$ 称为标准正态分布。一般正态分布 $N(a,\sigma^2)$ 均可通过线性变换 $Z=(x-a)/\sigma$ 转换为标准正态分布。反之，若 $Z\sim N(0,1)$，则 $x=a+\sigma Z\sim N(a,\sigma^2)$。因此，实际中需要用到正态分布 $N(a,\sigma^2)$ 时，只需查标准正态分布表，然后做一些简单的线性变换即可。

标准正态分布 $N(0,1)$ 的密度函数和分布函数分别为：

密度函数：

$$\varphi(z)=\frac{1}{\sqrt{2\pi}}\mathrm{e}^{-z^2/2},\quad -\infty<z<\infty$$

分布函数：

$$F(x)=\int_{-\infty}^{x}\frac{1}{\sqrt{2\pi\sigma}}\mathrm{e}^{-t^2/2}\mathrm{d}t$$

在客观实际中，有许多随机变量是由大量相互独立的随机因素的综合影响所形成的，而其中每一个个别因素在总的影响中所起的作用都是微小的，这种随机变量往往近似服从正态分布。由于这个特点，正态分布在实际中有着广泛的应用。例如测量误差、加工零件的尺寸、纤维的长度、钢的含碳量等，都近似地服从正态分布。更一般地，对于许多独立的、微小的随机因素，由于其中每一种因素都不具有压倒一切的主导作用，这些因素作用的总和服从或近似服从正态分布。这种现象通过中心极限定理以严格的形式确定下来。这正是正态分布在理论与实践上都极其重要的原因。

鉴于此，在 VERT 的网络图中，当某个系统的某个工序(研制阶段)特别复杂，而其中又难以找出明确的主导因素(例如某新研制复杂系统的原理样机等)，且难以估算其研制进度的上、下限的合理数值时，适于采用正态分布。这时，可近似地认为用常规方法得出的预测值是最可能的数值，相当于正态分布的数学期望，即均值，而估计误差则与正态分布的方差有关。例如，可将估计误差作为正态分布的标准差，这样就可以获得一个完整的正态分布，而且这种近似方法与误差理论是完全一致的。

复杂系统的综合性能也近似服从正态分布。另外，因为产生该分布的随机数不需要进行除法运算，所以它对于网络中的虚弧的 T、C、P 值的处理也是适用的。

产生标准正态分布随机变量的方法很多，如近似法、函数变换法、查表法等，推荐采用近似法。

概率论的中心极限定理表明，n 个独立同分布的随机变量 $X_1, X_2, \cdots, X_n$，具有有限的数学期望和方差：

$$E(X_K)=\mu_K$$
$$D(X_K)=\sigma_K^2$$

其中

$$K=1,2,\cdots,n$$

定义：

$$B_n^2=\sum_{K=1}^{n}D(X_K),\quad \eta_n=\sum_{K=1}^{n}\frac{X_K-\eta_K}{B_n}$$

则有

$$\lim_{n\to\infty}P\{\eta_n<x\}=\frac{1}{\sqrt{2\pi}}\int_{-\infty}^{x}\mathrm{e}^{-y^2/2}\mathrm{d}y$$

将中心极限定理应用于 n 个 $U(0,1)$ 分布的随机函数，其数学期望和方差分别为 $a=1/2$ 和 $\sigma^2=1/12$，则

$$Z=\frac{\sum_{i=1}^{n}U_i-0.5n}{(n/12)^{1/2}}$$

近似为标准正态分布的随机变量。显然，随着 n 的增大，近似的程度就越高。实践表明，当 $n=12$ 时，其近似程度就已经相当满意，而且还可省去开方和除

法运算。

算法为：

(1)分别产生 $U_i(i=1,2,\cdots,12)$；

(2) 输出 $X=\sum_{i=1}^{12}U_i-6$。

3.8.5　经验分布

经验分布的概率密度通常是以直方图的形式给出的，如图 3.26 所示。

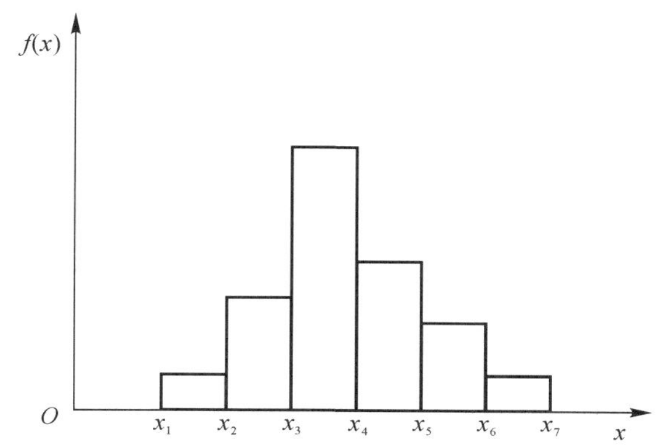

图 3.26　经验分布的概率密度

其分布函数为

$$F(x)=\begin{cases}0, & x<x_1\\ F(x_i)+\dfrac{x-x_i}{x_{i+1}-x_i}[F(x_{i+1})-F(x_i)], & x_i\leqslant x\leqslant x_{i+1}\\ 1, & x\geqslant x_n\end{cases}$$

$$i=1,2,\cdots,n-1$$

其中

$$F(x_i)=\int_{x_1}^{x_2}f(x)\,\mathrm{d}x,\quad i=1,2,\cdots,n-1$$

平均值：

$$\mathrm{MX}=\sum_{i=1}^{n-1}P_i\,\frac{x_{i+1}^2-x_i^2}{2}$$

方差：

$$\mathrm{DX}=\sum_{i=1}^{n-1}P_i\frac{(x_{i+1}-\mathrm{MX})^3-(x_i-\mathrm{MX})^3}{3}$$

经验分布也是风险分析中常用的分布之一,它的主要优点如下。

(1)在对实际问题进行分析时,经常需要用主观概率(即人们由经验和估计所形成的对某些不易计算出其客观概率的事物的某种“信念”),而这种主观概率的确定,常不能很精细,而是根据主观判断给出一个优劣次序,如某一区间的可能性要大于另一区间等,根据这个优劣次序即可大致画出概率分布图。

(2)做估计和分析的人有很大的自由度,可根据他们自己的要求和所获信息的多少分成任意多的区间。如果采用一般光滑曲线给出其典型分布图,则是没有这个自由度的。

(3)采用这种分布形式可以充分利用所获得的信息,有多少信息就用多少信息,它并不苛求更多的信息。假若当事人有把握和需求,可以分得细一些;若认为没有必要,就不必再分下去。

也许人们会提出这样一个问题:实际情况中不会有概率跳跃的情况,如果用一个光滑的曲线来代替阶梯形曲线是否会更准确?回答是:在有些情况下是这样的,但这样做会有不利之处,一般很少用。这些不利之处如下。

(1)找一个合适的近似光滑的曲线(如用多段抛物线近似)有时是比较困难的,即便找到一个,如果阶梯形有所改变,又要重新寻找近似曲线。若还要找到此光滑曲线的数学表达通式,则更是困难。

(2)利用 VERT 进行风险分析,需要进行模拟计算,要产生阶梯形经验分布的随机数是比较容易的,而产生一个光滑曲线分布(例如 Beta 分布)的随机数,有时则要困难得多。

此外,VERT 允许将子网络的输出作为主网络的输入来使用,即可将网络的一部分分离出来单独运行,然后将运行结果作为原网络上的一道工序来处理,而子网络的运行结果一般都是以直方图的形式输出的。在这种情况下,经验分布有它不可替代的作用。

下面,给出用逆变换法产生经验分布随机变量的一般方法。

令

$$U=F(x)=F(x_i)+\frac{x-x_i}{x_{i+1}-x_i}[F(x_{i+1})-F(x_i)]$$

则有

$$X=x_i+\frac{x_{i+1}-x_i}{F(x_{i+1})-F(x_i)}[U-F(x_i)]=x_i+a_i[U-F(x_i)]$$

其中

$$a_i=(x_{i+1}-x_i)/[F(x_{i+1})-F(x_i)]$$

式中：a_i 为 $F^{-1}(U)$ 各点间连线的斜率。

算法为：

(1)产生 U，并令 $i=0$；

(2)若 $U>F(x_{i+1})$，转入(3)，否则，转入(4)；

(3)以 $i+1$ 代替 i，返回(2)；

(4)输出 $X=x_i+a_i[U-F(x_i)]$。

3.9 层次分析评估法

层次分析法(AHP)是 20 世纪 70 年代由美国著名运筹学家 T. L. Satty 提出的。它是指将决策问题的有关元素分解成目标、准则、方案等层次，在此基础上进行定性分析和定量分析的一种决策方法。这一方法的特点是在对复杂决策问题的本质、影响因素及其内在关系等进行深入分析之后，构建一个层次结构模型，然后利用较少的定量信息，把决策的思维过程数学化，从而为求解多准则或无结构特性的复杂决策问题提供一种简便的决策方法。层次分析法目前已经广泛应用于试验鉴定领域评估方面。

装备试验任务的实施过程是一个环节多、过程复杂、不可逆转的高风险过程。在试验实施过程中存在多种因素。这些因素都将给任务进度、费用、质量(技术性能)造成一些负面的影响，若对这些情况认识不足或者没有足够的力量加以控制，影响将会扩大，甚至会引起整个任务的中断或失败，造成极大的损失。因此，为确保试验任务圆满完成，在任务执行的各个环节需要对可能存在的各种各样的风险进行分析研究，清楚掌握各类风险可能发生的时机、发生的概率、发生后所导致的后果的严重程度等，以便能够采取正确的控制与管理措施。风险评估就是在风险识别的基础上，建立问题的系统模型，对风险因素的影响进行定性和定量分析，并估算出各风险发生的概率及其可能导致的损失的大小，从而找到该装备试验的关键风险，为重点处置这些风险提供科学依据，以保障装备试验的顺利进行。

3.9.1 装备试验风险分类

为便于进行装备试验风险识别，把装备试验风险根据风险来源划分为技术风险、保障性风险、组织管理风险和外部风险等 4 类风险。

1. 技术风险

技术风险是指装备试验项目在预定的资源约束条件下，达不到要求的战术技术指标的可能性及差额幅度，或者说试验计划的某个部分出现事先意想不到的结果，从而对整个系统效能产生有关影响的概率。

2. 保障性风险

保障性风险是指与产品生产和维修有关的风险，该类风险源是与保障性相关的，如可靠性、维修性、训练、人力、保障设备、公用性、运输性、安全性、技术资料等因素。

3. 组织管理风险

组织管理风险是指进度资源配置不合理、计划草率且质量差、装备试验项目的基本原则使用不当等造成的管理层面上的风险，其风险因素有试验论证、试验方案的合理性、试验秩序、预案的完备性、分工的合理性、资源的冲突、元器件引进不利等。

4. 外部风险

外部风险是指主要由试验场区外部环境因素引起的对装备试验的风险，风险因素包括自然环境、社会环境、国际环境等。

3.9.2 装备试验风险评估活动过程

风险评估是把识别的装备试验风险转变为按优先顺序排列的风险列表，为风险管理控制提供依据。包括以下活动内容：

(1)系统研究装备试验风险的背景信息。

(2)详细研究已识别的、关键性的装备试验风险。

(3)使用风险评估方法和工具。

(4)确定装备试验风险发生的概率及其后果。

(5)做出主观判断。

(6)排列装备试验风险优先顺序。

3.9.3 装备试验风险评估方法

经过风险识别过程所识别出的潜在风险数量很多，但这些风险因素对装备试验的影响是各不相同的。装备试验风险评估包括风险的估计与评价，即对风险发生的可能性大小和风险后果的严重程度进行定性和定量的评估或做出统计分布描述。风险发生概率的估计,必须从具体的风险因素入手,只有针对具体的风险事件,才可能估计出风险发生概率。本书采用专家调查法对风险发生概率进行估计,专家调查法是目前进行风险发生概率估计最常用的方法。同时,采用层次分析法对风险影响程度进行估计。风险评估方法的框架如图 3.27 所示。

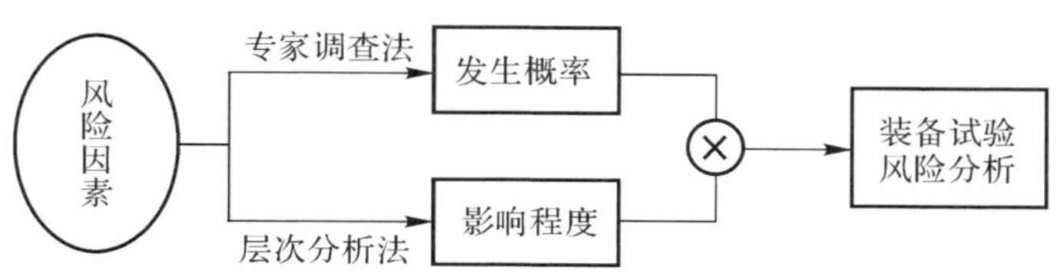

图 3.27 风险评估方法框架

1. 风险发生概率的确定

风险发生概率主要可通过两种方式获取:一是借助于大量的历史统计数据、资料或已有的风险估计模型,得到类似风险事件的发生规律(比如曲线图),即外推法,该方法得到的是客观概率;二是调查访问相关领域的专家以及有着长期工作经验的工作人员等,通过他们的主观判断、分析,结合搜集到的资料作为参考,估计出未来风险事件的发生概率,这属于主观估计,即专家调查法,该方法得到的是主观概率。在实际应用中不难发现,数学方法与人们的主观估计结合起来使用,往往会得到更符合事实的结果。风险发生概率说明如表 3.11 所示。

表 3.11 风险发生概率说明

风险发生概率范围/(%)	说　明
0～20	几乎不可能发生
21～40	不太可能发生
41～60	可能发生
61～80	很可能发生
81～100	几乎肯定发生

当需要考虑不同专家打分的权威性即权重时,可先通过对每位专家的知

识领域、知识结构、工作经验及知名度等情况的了解，确定其权重值，一般定在0.5～1.0之间，1.0代表专家的最高水平，其他专家依次减少。然后，将每位专家的打分值乘以各自权重，相加后除以权重之和，即得到对应风险因素的概率值。

本书参考其他资料，运用专家调查法，专家由8名不同领域的工作人员组成，其中4名为航天科技集团工作人员，另外4名为航天试验靶场工作人员。专家根据表3.12打分，且不计各专家的权重差异。此处不详细阐述专家打分过程，经计算取平均值后，得出四大风险源的概率向量为(0.688，0.157，0.137，0.018)。

表3.12 航天装备项目试验风险因素分析

技术风险	保障性风险	组织管理风险	外部风险
航天器设计	通信保障	组织	自然
软件设计	配电系统	技术	政治
测试技术	测控保障	人员	
综合接口	温、湿度	协调	
吊装技术	运输性		
燃料特性			
燃料加注技术			

2.风险影响程度的确定

对于风险影响程度的分析，常用的方法主要有层次分析法、蒙特卡罗方法、故障树分析法、灰色关联分析法等，本书采用层次分析法。层次分析法是一种定性和定量相结合的多目标决策分析方法。其基本原理是按研究问题的性质和总目标将其分解成几个层次，构成一个多层次的分析结构模型，借助专家判断构造低层各因素的两两比较判断矩阵，利用数学方法计算低层因素相对于高层因素的相对重要性权重，或按重要程度排序。

第一步，根据对风险因素的识别建立层次结构模型，如图3.28所示。

第二步，构造两两比较判断矩阵并进行一致性检验。将每一层次的各因素依次作为准则，对与其关联的下一层次所有因素进行两两相对重要性比较，相对重要性以重要性标度值来表示，最常用的重要性标度是9标度值。在进行风险因素重要性比较时，风险因素众多，为使结果更准确，这里采用9标度法。在 9 标度法中，重要性标度值用 1 ～ 9 的自然数及其倒数表示，数值的含义如表 3.13 所示。

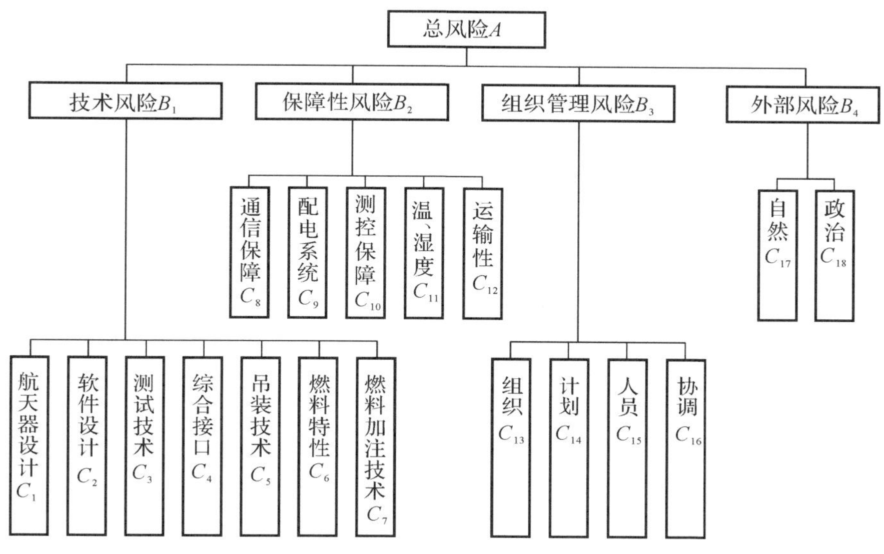

图 3.28　项目总体风险分解的层次结构

表 3.13　9 标度法的数值含义

标　度	含　义
1	i 因素与 j 因素同等重要
3	i 因素相比 j 因素略重要
5	i 因素相比 j 因素较重要
7	i 因素相比 j 因素非常重要
9	i 因素相比 j 因素绝对重要
2、4、6、8	以上两判断之间中间状态对应的标度值
倒数	若 j 因素与 i 因素比较，得到的判断值为 $b_{ji}=1/b_{ij}$

对于 A 层次，与其关联的下一层次的各因素($B_1,B_2,\cdots,B_n$)，两两比较产生的相对重要性标度可构成两两比较判断矩阵 $\boldsymbol{B}(b_{ij})$，其中 b_{ij} 为 i 因素比 j 因素的相对重要性标度值。显然，比较的结果将得到一系列的判断矩阵。

通常，$i=j$ 时，$b_{ij}=1$；否则，$b_{ji}=\frac{1}{b_{ij}}$ 。

对于图 3.28 的项目总体风险分解的层次结构来说，除了 B 层次对 A 层次所包含风险因素对其影响权重会产生 1 个判断矩阵外，还会产生 4 个判断矩阵。下面以计算相邻两层判断矩阵为例进行说明，根据近似算法，先按下式计算每个风险源对上一层次的影响权重：

$$\widetilde{\boldsymbol{W}_i^k}=\sqrt[n]{\prod_{j=1}^{n} b_{ij}}\,,\quad i=1,2,\cdots,n;\quad k=0,1,\cdots,m$$

再根据下式算出下一层次所有风险源对上一层次（即相邻两层之间）的影响权重：

$$\boldsymbol{W}_i^k=\frac{\widetilde{\boldsymbol{W}_i^k}}{\sum_{i=1}^{n}\boldsymbol{W}_i^k}$$

由于判断矩阵是由人的主观判断得到的，尤其当需要比较的因素较多时，要做到完全一致几乎是不可能的。因此，对于上面求出的特征向量一般还要进行一致性检验，只有通过一致性检验，层次分析法计算的结果才有意义。一致性检验方法可按如下步骤进行。

首先，计算一次性指标 C. I.：

$$\text{C. I.}=\frac{\lambda_{\max}-n}{n-1}$$

式中：$\lambda_{\max}$ 表示最大特征值。

其次，计算一次性比率 CR：

$$\text{CR}=\frac{\text{C. I.}}{\text{R. I.}}$$

式中：R. I. 为平均随机一致性指标，是根据足够多的随机发生的样本矩阵计算的一致性指标的平均值。

R. I. 的取值如表 3.14 所示。

表 3.14　R. I. 的取值

阶数	1	2	3	4	5	6	7	8	9	10
R. I.	0	0	0.52	0.90	1.12	1.24	1.32	1.41	1.46	1.49

一般认为，当 CR 值小于 0.1 时，判断矩阵具有满意的一致性，否则，应调整判断值，直到通过一致性检验为止。

风险源($C_1,C_2,\cdots,C_7$)对于 B_1 影响权重的两两比较判断矩阵,单位特征向量$\widetilde{\boldsymbol{W}_{01}}$=(0.375 0,0.258 5,0.174 0,0.022 4,0.054 2,0.081 5,0.034 4),一致性检验 CR=0.034 1<0.1,一致性良好。

风险源($C_8,C_9,\cdots,C_{12}$)对于 B_2 影响权重的两两比较判断矩阵,单位特征向量 $\widetilde{\boldsymbol{W}_{02}}$=(0.299 9,0.466 8,0.129 9,0.063 4,0.040 1),一致性检验 CR=0.030 4<0.1,一致性良好。

风险源($C_{13},C_{14},C_{15},C_{16}$)对于 B_3 影响权重的两两比较判断矩阵,单位特征向量$\widetilde{\boldsymbol{W}_{03}}$=(0.26,0.52,0.05,0.18),一致性检验 CR=0.032 2<0.1,一致性良好。

风险源(C_{17},C_{18})对于 B_4 影响权重的两两比较判断矩阵,单位特征向量 $\widetilde{\boldsymbol{W}_{04}}$=(0.79,0.21),一致性检验 CR=0.037 3<0.1,一致性良好。

风险源(B_1,B_2,B_3,B_4)对于 A 影响权重的两两比较判断矩阵,单位特征向量 $\boldsymbol{W}$=(0.581 5,0.262 7,0.107 3,0.048 5),一致性检验 CR=0.038 8<0.1,一致性良好。

相邻两层之间的影响权重确定之后,再根据以下两式来计算相隔两层之间 C 对 A 的影响权重:

$$\tilde{\boldsymbol{W}}_i = \sum_{j=1}^{n} \boldsymbol{W}_j^i \boldsymbol{W}_i^j, \quad i,j = 1,2,\cdots,n$$

$$\boldsymbol{W}_i = \frac{\tilde{\boldsymbol{W}}_i}{\sum_{i=1}^{n} \tilde{\boldsymbol{W}}_i}$$

最后,计算风险($C_1,C_2,\cdots,C_{18}$)。对于总风险 A 来说,得出(C_1,C_2,C_3,C_9)的风险性更大一些。

3. 风险因素等级的划分

风险等级评估需要综合考虑风险发生概率及其所造成的影响,所以,可用下述风险发生概率与其综合影响度的乘积作为等级划分的标准:

$$R = PC$$

式中:R 为风险等级的评定值;P 为风险发生概率;C 为风险对试验项目的综合影响度。

由上述风险等级值 R 的计算公式,计算装备试验项目风险的风险源等级值。为抵消概率的百分数,计算 100 R:

(1)技术风险:$100R=100\times0.688\times0.581\ 5=40$。

(2)保障性风险：$100R=100\times0.157\times0.2627=4.12$。

(3)组织管理风险：$100R=100\times0.137\times0.1073=1.47$。

(4)外部风险：$100R=100\times0.018\times0.0485=0.09$。

根据历史数据和专家经验，可将装备试验项目风险等级按以下规则划分：

(1)高风险：$100R>40$。

(2)较高风险：$20<100R\leqslant40$。

(3)中等风险：$8<100R\leqslant20$。

(4)低风险：$100R\leqslant8$。

因此，技术风险属于较高风险，保障性风险、组织管理风险和外部风险均属于低风险。

第 4 章　装备试验风险管理

风险管理是通过研究风险发生规律和风险控制技术，对可能遇到的风险进行识别、分析、评价等评估活动，并在此基础上有效地处理风险，以求用最低成本实现最大的安全保障目标。简单地说，风险管理就是要回答：有哪些风险应当考虑，引起这些风险的主要因素是什么，这些风险所引起后果的严重程度如何，以及如何制定减小风险的行动方案。“基于风险的思维”是贯穿于《质量管理体系要求》(GJB 9001C—2017) 标准的一个核心概念，强调通过识别风险并采取相应措施来消除风险、降低风险或者减缓风险以实现主动预防的质量控制要求。

武器装备靶场试验(简称试验)作为一项复杂的系统工程，涉及试验系统的多个环节。基于对试验项目风险的清醒认识，探索试验过程各阶段风险管理技术的应用，研究试验风险的评估、应对等方法，以期通过风险分析、评价与控制达成试验任务质量目标，是试验过程各相关方的迫切需求与期望，也是提升靶场试验能力的必然要求。

4.1　装备试验风险管理流程

风险管理就是管理人员通过风险识别、风险估计和风险评价等，并以此为基础合理地使用多种管理方法、技术和手段，对项目活动所涉及的风险实行有效的控制，采取主动行动，创造条件，尽量扩大风险事件的有利结果，妥善地处理风险事件的不利后果，以最小的成本保证安全、可靠地实现项目的目标的过程。武器装备种类繁多、性质各异，项目的风险管理取决于所研制系统的性质。但是，研究表明，凡是好的管理方式都有一个共同的基本过程和结构。这些过程的具体运用要随研制阶段和系统确定的程度而定，但所有过程都要纳入研制项目的管理过程中。

参考《风险管理 原则和指南》(ISO 31000)，根据《质量管理体系要求》(GJB 9001C—2017)和现代项目风险管理理论，在试验过程中实施风险管理机制，可将试验风险管理分为：风险规划，包括风险识别、风险分析与评价两个子过程的风险评估，包括风险控制措施、风险控制实施两个子过程的风险处置，共3个阶段、5个过程。试验风险管理过程，就是以环境分析、试验相关方的需求和期望为基础，依托制定风险管理行动计划的试验风险规划，对可能发生的、潜在的以及客观存在的各种试验风险进行系统的风险识别，进而对试验中的风险事件进行风险分析和评价，详细研究，查出风险产生的原因，根据风险发生的可能性、风险事件后果及危害程度评估试验风险等级，并针对识别出的风险制定出具体控制手段，实施试验风险控制，保证试验风险管理达到预期目的。据此策划试验风险管理流程，如图4.1所示。

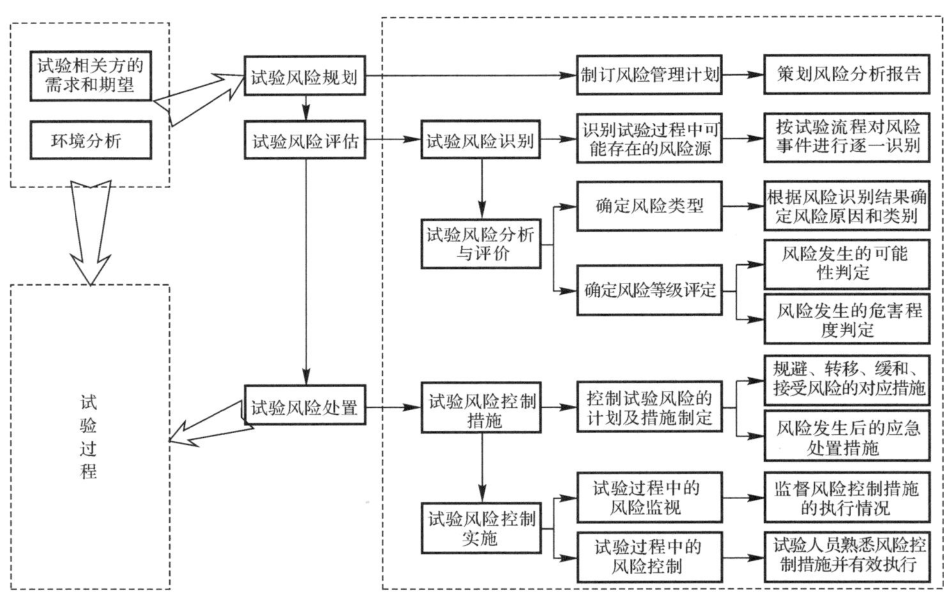

图4.1 试验风险管理流程

项目风险管理是运用系统工程思想，对研制项目中可能存在的风险进行规划、评估、处理和监控的过程，以及在上述过程中的风险文档生成过程，如图

4.2 所示。本节概要地介绍项目风险管理的过程和思路。

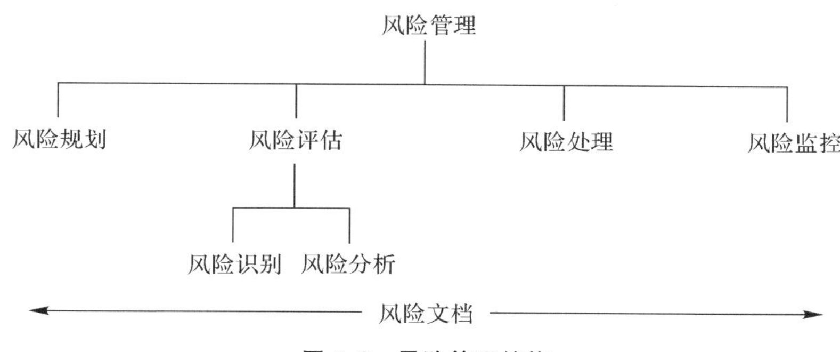

图 4.2　风险管理结构

4.1.1　风险规划

风险规划是指确定一套完整全面、有机配合、协调一致的风险管理策略和方法，并将其形成文件的过程，这套策略和方法可用于辨识和跟踪风险区，拟定风险处理方案，进行持续的风险评估，从而确定风险变化情况并采取相应的应对措施。

试验风险规划的目的是制订风险管理行动的详细计划，用以确定、评估、连续跟踪、控制和记录装备试验项目风险并将其形成文件，是装备试验风险管理的第一阶段，是一个反复迭代的过程。

4.1.2　风险识别

试验风险识别是指对未发生的、潜在的以及客观存在的各种试验项目风险进行系统的连续识别，并进行风险事故原因分析。风险识别通常要从多角度、多方面进行，形成对项目系统风险的多方位的透视，通常采用结构化分析方法，即由总体到细节，由宏观到微观，层层分解。风险大小的次序按风险的发生概率、后果以及其他风险区域或风险技术过程的相互关系确定。

对装备试验项目可能面临的风险进行预测和识别是风险管理的基础。试验项目风险识别就是找出风险所在和诱因，并做出定性的估计。

风险识别的过程分为确定目标、明确最重要的试验参与者、收集试验资料、估计试验风险形势和识别潜在的试验风险。

装备试验项目风险识别是对项目进行风险管理的重要环节，但易被人们所忽视，以致夸大或缩小了项目中风险的范围、种类和严重程度，从而使试验项目风险的评估、分析和处理产生差错，造成不必要的损失。对项目风险进行识别的方法很多，目前常用的有德尔菲法、头脑风暴法、环境分析法、核对表法、故障树分析法、系统分解法和财务报表分析法等。

试验过程中，影响试验进度和试验效果的因素涉及多领域、多层次。风险识别的目的在于确定可能影响试验过程的风险因素，以增强风险管理的针对性和有效性，减少或避免试验风险。为能全面地掌握所有潜在的风险因素，通常采取一种完整的结构框架来搜索风险，所使用的方法主要包括分解法、概率树法（或类似的决策树、故障树等）、专家调查法（包括集思广益法和德尔菲法）。根据靶场试验的特点，一般采用几种方法相结合的试验风险识别方法。

（1）技术咨询与交流：通过被试武器装备承制单位的跟产学习、技术咨询、岗前培训、技术交流等活动，获取风险源资料。

（2）质量信息分析：收集、分析同型号或相近型号被试武器装备的试验质量信息，获取风险源资料。

（3）试验流程分析：针对试验不同阶段，按照试验实施流程进行分析，识别风险源。

（4）现场评价与分析：依据试验规程、试验管理制度或试验项目检查表实施检查活动，通过对现场试验装备、人员操作行为、环境等进行观察、检查，分析、识别风险源。

（5）故障树分析：按照故障树分析要求对各类事故进行展开和绘图，识别风险源。

根据试验中的各环节，靶场试验主要有七大方面的风险源，其风险类别和风险因素见表 4.1。

表 4.1　试验项目风险情况

风险类别	风险因素
技术风险	系统技术方案不合理、存在设计缺陷、软件有漏洞、匹配不顺畅等
技术状态变化风险	技术协议变更、技术状态改变不同步等

续表

风险类别	风险因素
试验条件变更风险	靶标类型改变、目标状态改变、气象条件改变等
试验单位协作风险	任务分工不合理、任务不明确、认知差异、重视程度不一等
安全性风险	技术方案有安全隐患、实施不到位、岗位操作失误等
组织实施风险	实施方案不合理、协调不到位、操作失误、意外处置不当等
政治风险	试验成败的直接和间接影响、承担责任等

4.1.3　风险评估

试验风险评估是指在风险有效识别的基础上，对装备试验项目各个方面的风险和关键技术过程的风险进行详细研究，查出风险产生的原因，同时根据风险产生的概率、后果以及与其他风险区域或过程的关系，通过定性或定量的方法分析、评估，确定项目风险影响，并对试验风险按潜在危险大小进行优先排序和评价的过程。其目的是确定每项风险对装备试验项目的影响大小，一般是对已识别出的风险进行量化估计，以促进装备试验项目更有把握地实现其质量、进度和费用目标。在确定成本、进度和质量目标时，风险评估是试验组织管理者应该考虑的重要因素。风险事故造成的损失大小要从三个方面来衡量：损失性质、损失范围和损失的时间分布。具体把握以下三个概念：

(1)试验风险影响，指一旦风险发生，可能对装备试验项目造成的影响大小。

(2)试验风险概率，表示试验风险发生的可能性，是一种主观判断值。

(3)试验风险值，是评估试验风险的重要参数。风险值＝风险概率×风险影响。

装备试验项目的风险评估过程为：确定试验预期目标，收集相关试验资料，明确最重要的试验参与者，估计试验风险形势，系统研究试验风险背景信息，详细研究已辨识试验中的关键风险，使用风险估计分析方法和工具，确定风险发生的概率及其后果，做出主观判断，排列试验风险优先顺序，评估风险概率及风险值。风险评估方法主要有理论概率法、外推法、主观评分法、层次分析法、主观概率法、等风险图法、网络模型、全生命分析、决策树法及设计评审法等。

主观评分法是定性风险评价常用方法。例如，运用主观评分法对某型装备试验项目进行风险评估，首先从 0～10 之间选一个数，0 代表没有风险，10 代表风险最大，然后同风险评价基准进行比较。如表 4.2 所示，最大风险权值是 9，因此最大风险权值和为 5×3×9＝ 135，而该项目全部风险权值和为 77，因此该项目整体风险水平为 77÷135＝0.570 4。

将此结果同事先给定的整体评价基准 0.6 比较可知，该项目整体风险水平可以接受，可以继续进行试验。

表 4.2　某型装备试验项目风险评估

工　序	风险权值					
	费用风险	进度风险	质量风险	组织风险	技术风险	各工序风险权值和
可行性研究	5	6	3	8	7	29
方案设计	4	5	7	2	7	25
试验过程	6	3	2	3	9	23
各风险权值和	15	14	12	13	23	77

试验风险分析与评价是指对已识别的试验项目风险进行分析评价，对风险进行优先排序，确定风险对项目目标的整体影响。风险分析与评价由风险定性分析、风险量化分析及风险组合分析组成。常用的风险分析与评价方法有蒙特卡罗模拟法、计划评审技术（PERT）、主观概率法、故障树分析（FTA）法、外推法和模糊分析法等。

根据试验项目风险特征，将试验风险划分为 3 个等级，即高风险、中风险和低风险。其中：高风险是指发生的可能性极大，且对试验进度、结果有重大影响，危害严重，需要采取重大行动、措施保障并在管理工作中要予以优先注意的风险；中风险是指有可能发生，对试验进度、结果有一定程度影响，需要采取专门措施并在管理工作中可能需要格外注意的风险；低风险是指发生的可能性极小或只要采取有效措施就可以避免发生的，对试验进度、结果影响极小的风险。根据试验风险识别的主要风险源（见表 4.1），从试验总体技术上分析，暂不考虑具体细节层面的风险问题，靶场试验风险主要有八大类风险，具体的概要评估见表 4.3。

表 4.3　靶场试验风险特征

风险排序	风险分类	风险大小	责任方	后果及影响
1	部分试验项目未经充分的科研进入靶场试验	高风险	靶场	风险不可控,后果较严重;项目无效或失效
2	技术方案不完善	低风险	靶场	风险可控,但后果较严重;项目无效
3	武器装备故障	中风险	研制方	风险不可控,后果较严重;项目无效
4	武器系统故障	低风险	研制方	风险不可控,后果较严重;项目失效
5	靶标保障的变动	中风险	组织单位	风险可控,后果一般;项目可能无效
6	试验协作风险	中风险	协作单位	风险可控,但后果较严重;项目无效
7	航区安全无法保障	中风险	组织单位	风险可控,后果一般;试验无法实施
8	海况无法保证	低风险	组织单位	风险可控,后果一般;试验无法实施

4.1.4　风险处置

试验风险处置是指制定可选方案和行动方案,并付诸实践,以提高试验项目质量目标实现的机会,降低或排除对试验项目质量目标的威胁。风险处置方法主要包括风险规避、风险转移、风险缓和和风险接受等 4 种。对不同的试验风险,可用不同的应对方法,按照《质量管理体系要求》(GJB 9001C—2017)倡导的“基于风险的思维”的过程方法,通常对一个试验项目所面临的各种风险,综合运用各种方法进行处理。

试验风险处置的基本依据是试验规程、标准及各项规章制度和试验质量管理体系要求等,即靶场知识体系中的相关要求。试验风险处置按性质可分为试验风险技术控制和试验风险管理控制。试验风险技术控制主要通过依据和运用靶场知识体系涵盖的标准、法规、试验技术等要求，策划试验大纲、试验方案、试验实施方案、专用技术文件、应急处置预案、安全预案、试验结果报告等试验风险技术控制文书，对应实施武器系统技术状态控制、安全性分析与评估、试验结果分析与评估、安全保障、安全检查等试验风险技术控制过程。试验风险管理控制主要依据主动预防的质量控制原则，通过各阶段的评审、验证与确认过程，指挥与控制过程，应急情况处置过程，试验总结与绩效评价过程，人力资源调配与能力培训过程，岗位、职责和权限的确定过程等，对试验风险从管理层面实施预防。

试验风险处置程序如图 4.3 所示。

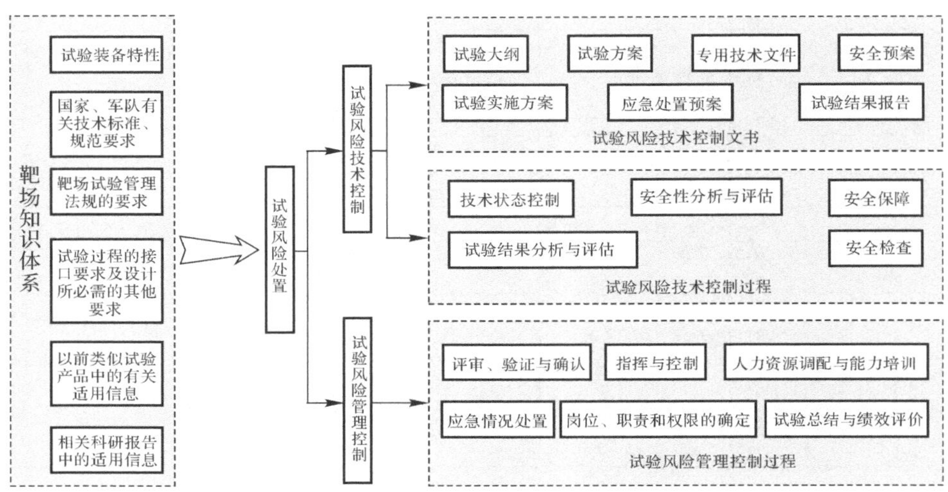

图 4.3　试验风险处置程序

对于试验过程中存在的风险，围绕风险的 3 个特征，即潜在事件、风险后果及风险组合，靶场最常用的处置方法是：一方面，通过加强人员培训和改进试验程序设计来降低和消除事件发生的可能性；另一方面，对于无法降低风险发生可能性的事件，依据国军标《质量管理体系要求》(GJB 9001C—2017)设计和开发输出编制风险分析报告，制定风险控制措施，形成处置预案。

4.1.5　风险监控

风险监控就是通过对风险规划、识别、估计评价、处理全过程的监视和控制，保证风险管理能达到预期的目标，它是项目实施过程中的一项重要工作。风险监控实际上是监控项目的进展和项目环境，即项目情况的变化，其目的是核对风险管理策略和措施的实际效果是否与预见的相同，并寻找机会改善和细化风险规避计划，获取反馈信息，以便将来的决策更符合实际。

在风险监控过程中，应及时发现那些新出现的以及预先制定的策略或措施不见效或性质随着时间的推移而发生变化的风险，然后及时反馈，并根据对项目的影响程度，重新进行风险规划、识别、估计、评估和应对，同时还应对每一件风险事件制定成败标准和判据。

风险监控的依据包括风险管理计划、实际发生的风险事件和随时进行的风险识别结果，主要包括以下五方面内容。

(1)风险管理计划。

(2)风险处理计划。

(3)项目沟通。工作成果和多种项目报告可以表述项目进展和项目风险。一般，用于监督和控制项目风险的文档有事件记录、行动规程、风险预报等。

(4)附加的风险识别和分析。随着项目的推进，在对项目进行评估和报告时，可能会发现以前未曾识别的潜在风险事件，应对这些风险继续执行风险识别、估计、量化和制定应对计划。

(5)项目评审。风险评审者检测和记录风险应对计划的有效性，以及风险主体的有效性，以防止、转移或缓和风险的发生。

风险监控过程的输入包括风险背景，风险识别、估计、评价的结果，风险管理计划，风险处理计划等。

风险监控的输出包括风险监控标准、应变措施、控制行动、变更请求、修改风险处理计划等。

(1)风险监控标准。风险监控标准主要是指项目风险的类别发生的可能性和后果。

(2)应变措施。应变措施主要是指消除风险事件时所采取的未事先计划到的应对措施。这些措施应有效地记录，并融入项目的风险应对计划中。

(3)控制行动。控制行动就是实施已计划的风险应对措施(包括实施应急计划和附加应对计划)。

(4)变更请求。实施应急计划经常导致对风险做出反应的项目计划变更请求。

(5)修改风险处理计划。当预期的风险发生或未发生，以及风险控制的实施消减或未消减风险的影响或概率时，必须重新对风险进行评估，对风险事件的概率和价值以及风险管理计划的其他方面做出修改，以保证重要的风险得到恰当的控制。

风险监控过程中的输入和输出如图 4.4 所示。

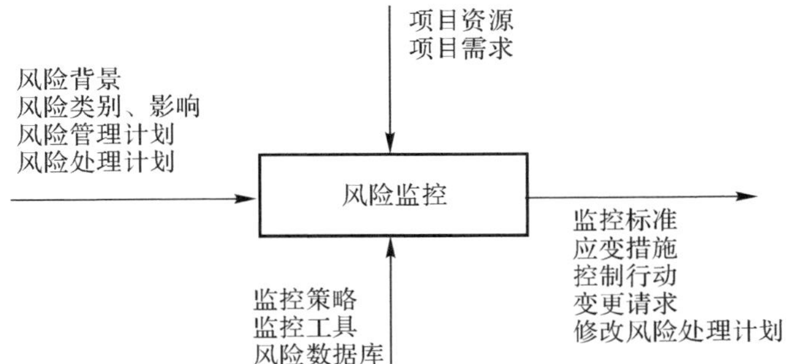

图 4.4 风险监控过程中的输入和输出

有许多技术和手段可以监控风险处理活动的效果，例如试验与鉴定、偏差值（获得值）分析、技术性能度量与跟踪项目费用与进度控制等，项目管理人员可以从中选用最适合自己需要的。没有一种技术或工具可以解决所有问题，必须将一些技术或手段结合起来使用。一般要根据风险处理计划中所计划的活动选用风险监控技术。利用这些监控技术对计划的风险处理活动与其实际完成情况不断进行比较，从而跟踪并评定风险处理活动的效果。比较可以是简单比较，即对比活动的实际完成日期和计划完成日期；也可以是综合比较，即对照计划剖面详细分析所观察到的实际数据。不管采用哪种比较，只要发现实际数据和计划数据有差别，就要对差别进行研究，判定状况如何，并确定有无必要更换风险处理方法。

4.1.6 风险管理文档

风险管理文档是指记录、维护和报告风险的评估、处理分析方案以及监控结果的文件，包括所有的计划、上报项目主管和决策者的各种报告以及项目管理机构的各种内部相关报表。

成功的风险管理的标志之一，是对风险管理过程随时进行正式记录并形成文档，这一点十分重要。这是因为在项目进展过程中，风险管理文档既是进行项目评估和改进的依据，也是监控风险控制活动和检查其结果的依据。此外，这些文档还可以为新加入人员提供项目的背景资料以及作为实施计划项目决策的管理手段和依据之一。

风险管理文档一般由项目管理人员（如一体化产品小组成员）中专门负责规划、收集和分析数据的人员起草和编写。

风险管理报告的名称和性质应随着项目的规模、性质和所处阶段的不同而有所不同，如：

(1)风险管理计划；

(2)风险信息表格；

(3)风险评估报告；

(4)风险处理优先顺序清单；

(5)风险处理行动计划；

(6)风险汇总单；

(7)风险监控记录文档(包括各种技术报告、项目进度执行情况报告、关键风险处理过程报告)。

大多数项目管理机构都有一套标准报告清单，这些报告可以满足日常需求，但是工作中还是需要一些专题报告和评估总结，因此有必要将风险管理信息纳入管理信息系统。这样既可生成标准报告，又可根据需要生成专题报告。

目前，外军装备采办工作正在向以用户为中心的机制转化和过渡，因此项目主管人员应积极了解项目的各种进展情况，还应协助、督促项目研制单位建立项目风险文档管理体系并由此获得研制单位项目风险管理的有关信息。例如，风险管理的政策和程序、项目研制管理政策和程序、风险内部监控报告等，这些报告所提供的指标可以用于判断研制单位降低风险工作的状况。

4.2　外军装备试验风险管理的现状

美军历来高度重视试验鉴定风险管理，形成了较为完善的试验鉴定体系，积累了丰富的经验。相比之下，我军在这方面的工作起步较晚，较美军仍有差距。为此，探索美军经验做法，对我军开展试验鉴定风险管理工作具有重要借鉴意义，其对于确保新研武器装备的实战效能、规避武器装备研制风险等方面具有十分重要的作用。但是，目前国内关于美军的试验鉴定风险管理的研究尚不多见。

4.2.1　美军试验鉴定的风险管理及机构介绍

1. 美军试验鉴定风险管理的历史沿革

美军对试验鉴定风险管理的认识既不是一蹴而就的，也不是一成不变的，其中的态度也经历了由第二次世界大战后的不计风险到逐步重视并全面使用风险管理手段的漫长过程。20 世纪 50 年代，美国国防部没有统一的试验鉴定，各军种各行其是，竞相发展，一味追求性能、速度，很少顾及费用，更谈不上风险管理。20 世纪 60 年代，美国阿波罗飞船工程启动，推行失效模式和关键项目列表等风险管理方法，取得了巨大成功，从而推动了美国航空航天局风险管理制度化的进程。但同时，美军对于风险评估仍持审慎态度，其国防部每两年召开一次风险采办与不确定性管理会议，对风险管理问题进行理论探讨。20 世纪 70～90 年代，以精确制导武器和军用卫星为代表的高技术装备的发展与应用使作战模式由单一武器装备、单一军种较量转变为体系与体系的对抗，武器系统的复杂性大大提高，系统研制的难度也随之增长。同时，研发费用的激增和研发时间的延长成为困扰武器装备研发采办的重大问题。在此情况下，美军对风险管理重要性的认识进一步加深，并将风险管理逐步推向实践领域，建立了风险评估准则、分段评审、决策管理、进度管理、全寿命管理、费用管理、采办项目基线法等有代表性的方法和制度。21 世纪以来，美军更加重视试验鉴定风险管理，采取成本控制和定期报告制度，减少经费管理的风险，加强建模仿真研制试验和作战试验，以减少技术风险。美国国防部于 2015 年更新的 DoD 5000 指令更是明确指出，装备采办过程中要进行风险分析和评估，并采取防范措施，减少风险。过去，美军一般仅把风险管理作为系统工程和费用估算的技术手段，应用范围比较有限；如今，美军已把风险管理作为项目综合管理极其重要的手段，建立了与项目融为一体的风险管理体系，在试验鉴定项目全寿命过程中贯穿风险管理思想。新的国防采办过程包括三个主要部分，即系统采办前、系统采办、系统维持三大阶段。按照国防采办管理框架的里程碑管理要求，采办项目在进入每个阶段之前，都必须满足对应的条件、完成一系列技术评审工作和相应的试验与评价工作，以降低采办过程中的技术风险和系统集成风险。经过发展，美军已形成了国防部下属各军兵种、军兵种对应风险管理办公室的风险管理模式。

2. 美军试验鉴定风险管理的主要做法及特点

美军现行装备试验鉴定体系越发重视风险管理，将其贯穿于装备全寿命周期过程，具备完善的风险管理组织体系，建立了一套完整的组织来进行风险管理工作，其中包括风险管理领导者、专职组织者，还下设专门的附属组织负责风险问题的沟通交流。在实际工作中，美军试验与鉴定风险管理的组织体系与试验鉴定监督体制和机构体系相互重叠、相互制约，形成了国防部-军兵种-项目办公室三个层次的试验与鉴定监督体制，形成了一个完整的试验与鉴定执行机构体系。美军的大型复杂装备项目在试验与鉴定过程中都成立项目办公室，采用风险管理制度，对降低装备研制生产风险、缩短研制生产周期、提高装备质量、降低装备全寿命管理费用具有重要的影响。其中比较有代表性的做法有：

(1)采取定性分析与定量分析相结合的管理手段。美军认为试验与鉴定的过程中，由于技术和人员等的不确定因素，可能引起结果不能达到预期目标的情况出现。为加强对试验风险的管理，早在 20 世纪 60 年代末期，美国阿波罗飞船的工程管理人员就将定性的风险管理成功地用于阿波罗工程，他们采用失效模式及其影响分析(FMEA)和关键项目列表(CIL)方法对风险进行相应的定性管理。定性分析的方法多用于早期风险识别和分析风险来源、误差原因等情况。这种分析方法的缺陷是无法给出这些风险所产生的后果和消除这些风险的方法，适用于分析原因和帮助决策时使用，而在事件结果受风险程度概率影响较大时不适用。虽然美军早期也惯用定量的方法进行风险管理，但直到 20 世纪 80 年代末挑战者号升空爆炸事故后，才把概率风险分析(PRA)作为定量风险分析的重要手段广泛使用和真正地重视起来。美军使用定性分析确定风险种类，归纳风险问题出现的各种可能，进而使用定量分析对发生概率等指标进行量度，合理地综合前面得到的信息为下一步风险管理提供依据。表 4.4 所示为美军及 NASA 风险管理分析方法的发展历程。

表 4.4　美军及 NASA 风险管理分析方法的发展

方法名称	时　间	简　介
FEMA/CIL	20 世纪 60 年代	NASA 阿波罗计划开始使用失效模式和关键项目列表
故障树分析(FTA)	20 世纪 70 年代	美国核工业领域对反应堆进行定量风险分析的方法
概率风险分析(PRA)	20 世纪 80 年代初	NASA 载人航天计划中发展使用概率风险分析方法
持续风险管理(CRM)	20 世纪 80 年代末	美军和 NASA 推行持续风险管理取得实效
多目标决策(MODM)	20 世纪 90 年代	美国在卫星项目和航天项目中率先使用多目标决策
一体化定量化管理	21 世纪以来	美军推行一体化定量化风险管理

(2)各级成立独立的专门机构进行风险管理作业。美军现行试验鉴定采

用国防部集中统一领导与军种分级实施相结合的管理体制。国防部设立作战试验鉴定局，统一指导和监管全军试验鉴定工作；各军种设独立的试验鉴定部门，具体组织实施本系统试验鉴定活动。同时，这些部门设立特定机构负责风险管理，责任分明。以美国的航天项目为例，一般由三个管理环节组成，即美国航天局、航天中心、承包商，每个环节都设有相应的风险管理办公室，对航天项目进行风险和质量管理，并参加项目各阶段的可行性分析，为决策提供建议。美国的军用航天项目与民用航天项目类似，也由三个部分组成，只不过是将航天中心改为美国军方，三个部分也都设有风险管理部门，但是美国军方的管理部门会定时检查其他两个部分的风险管理部门。

(3)注重风险教育培训，树立科学的风险意识。近些年，美军对风险管理越来越重视，包括军事航天、装备鉴定，越来越多的部门进行内部的风险管理的培训会，同时会召开不定期的风险管理经验交流会，加强风险管理的水平。美国航天局要求航天项目的经理必须参加总局的风险培训会，且项目人员均要在项目经理的带领下进行学习，强化风险意识，提高风险管理能力。重视和参与风险教育，树立科学的风险管理意识已经成为世界各军事强国的普遍共识。如图 4.5 所示，持续风险管理(CRM)体系将风险管理大致分为五大步骤，即风险识别、风险分析、风险计划、风险追踪和风险控制，信息交流和文件编制工作则贯穿于整个风险管理过程中。

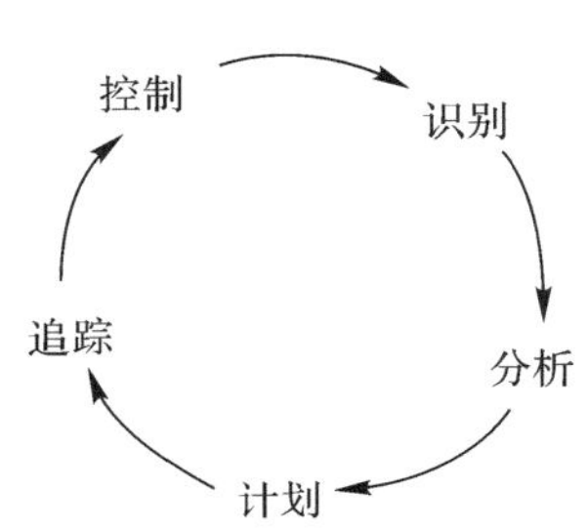

图 4.5　持续风险管理体系

4.2.2　美军试验鉴定风险管理对我军的启示

近年来，虽然我军在装备试验鉴定工作中取得了很大的成绩，但是长期以来由于缺乏相应的专业理论指导和先进的技术手段支持，目前在风险管理上仍采用行政管理为主的手段，缺乏先进的风险管理手段支撑，因此风险管理工作还处于摸索阶段，与加快推进信息化武器装备建设、打赢信息化战争的需求仍存在很大差距。美军在试验鉴定管理特别是试验鉴定风险管理方面的一系列方法和理论，走在全球各国的前列。这些成果的取得与美军加强装备科研试验管理工作是密不可分的。美国装备采办领域成功推行风险管理制度以后，英、法等世界军事强国也相继在装备研制、试验、生产过程中采取风险管理制度，并产生了显著效益。我国在深化国防和军队改革中提出了“军委管总、战区主战、军种主建”的原则要求，同时领导指挥体制改革已经落实到位，全军的装备试验鉴定工作也逐渐开始按照新体制运行。这就更需要我们科学地学习和借鉴外军先进做法,结合我军武器装备发展的实际情况,以达到降低和规避装备试验风险的目的。总结美军做法,我们的启示有以下三点:一是建立完善的管理组织,二是健全相关风险管理法规,三是注重人员素质的提高和培养。

4.3 装备试验风险管理要点

装备试验本身是一项高风险活动,采取针对性措施防范风险、化解风险是试验活动安全顺利进行的重要保证。

鉴于目前试验基地风险管理还未开展,关于风险应对措施部分,试验基地在开展这项工作时,可结合各自情况研究制订具体对策。

为促进试验基地风险管理工作的顺利开展,本书仅从加强风险管理的角度提出如下建议。

4.3.1 树立风险意识

要保证试验风险能够得到有效控制,首先必须提高对风险的认识,只有风险意识提高了,才能采取有效行动来控制风险,为开展风险管理工作打好基础。

树立风险意识应该注意以下两个方面:

(1)重视风险。全体参试人员都要强化风险意识并贯穿于具体工作中,居安思危,保持高度的风险意识,善于识别和发现试验潜在的风险,防止因思想麻痹和大意而给试验造成损失。

(2)勇于面对风险。风险并不可怕,只要发挥风险管理机制的作用和功能,风险是可以预见、防范、控制和化解的,只有具有良好风险哲学思维的人才能在危机中把握机会。

因此,只要树立了风险的哲学思维意识,形成了风险管理氛围,开展试验风险管理就具备了条件。

4.3.2 建立风险管理体系

实施有效的风险管理,建立风险管理体系是必不可少的。

从目前情况来看,试验基地首先需要建立风险管理组织,并使其尽快运行起来。其次是制定风险管理方针、政策和工作程序,规范其工作内容及与其他管理机构之间的关系,保证机构运行协调。然后是提供资源保障,保证试验风险管理所需人、财、物以及信息能够及时准确传递。

风险管理体系建立和运行一段时间后,还要根据运行情况进行调整和改进，保证风险管理取得成效。

4.3.3 完善风险管理机制

建立风险管理机制是规范风险管理行为、确保风险管理有序运行、提高试验风险管理水平的有效手段。

建立风险管理机制需要做好以下工作：

(1)建立和完善风险管理规章制度。装备定型试验是一种国家意志和行为，作为决策依据，其风险可能影响整个装备全寿命管理过程，因此需要有健全的法律法规作保障并依此来规范定型试验风险管理工作，确保定型试验风险管理工作有章可循、有法可依。

(2)制定风险管理程序和标准。试验基地应根据所承担试验任务的种类和特点，制定风险管理程序、标准，使试验人员明确风险管理的内容、方法以及程序和要求。程序和标准的制定应具体、明确，尽可能采用量化指标，使之具有可操作性，便于对照、分析、检查、考核。

(3)制定风险管理责任制。必须明确各部门、各层次、各岗位风险管理的责任归属，以加强其责任感，调动其积极性，鼓励其创新精神。

4.3.4 建立风险管理信息系统

只有及时掌握真实、准确的试验动态信息，才能发现风险信息并采取针对性处置策略，取得应对风险的主动权。

在信息技术手段落后的条件下，风险识别的客观性与真实性以及风险管理的技术性与科学性通常并不能完全显现，但随着信息技术的迅速发展，风险管理与信息技术日益结合，上述问题可以得到有效解决。试验风险管理可借助信息技术来优化风险管理信息流程，风险管理信息系统可依托试验基地指挥系统或其他信息系统网进行构建。

4.3.5 制定试验基线、设置过程控制点

建立试验基线是利用基线对试验风险实行控制的有效方法。

在试验早期就着手制定各阶段试验活动的基线，便于掌握试验进展状态，及时查找突破基线的原因并制定相应的处理措施，从而有效地减轻试验风险或将风险控制在可承受的范围内。

制定试验基线或设置过程控制点应根据被试装备特点以及试验重要过程控制点和重点控制区域(如关键试验项目、主要测试内容、重要数据处理等)，对实施过程和工作质量实施重点检查。

4.3.6　建立试验风险预警流程

试验风险预警是通过对试验各种资料和信息的收集和分析，对影响试验的各种风险因素进行预测、估计、推断及监控，进而对可能导致试验损失或失败的各种风险因素进行预先控制，并制定相应的对策措施，保证试验在可控范围内进行。

风险预警管理是一个循环改进过程，图 4.6 给出了供参考的装备试验风险预警管理流程示意图，试验基地在建立试验风险预警流程时，可结合装备具体情况进行细化和删减。

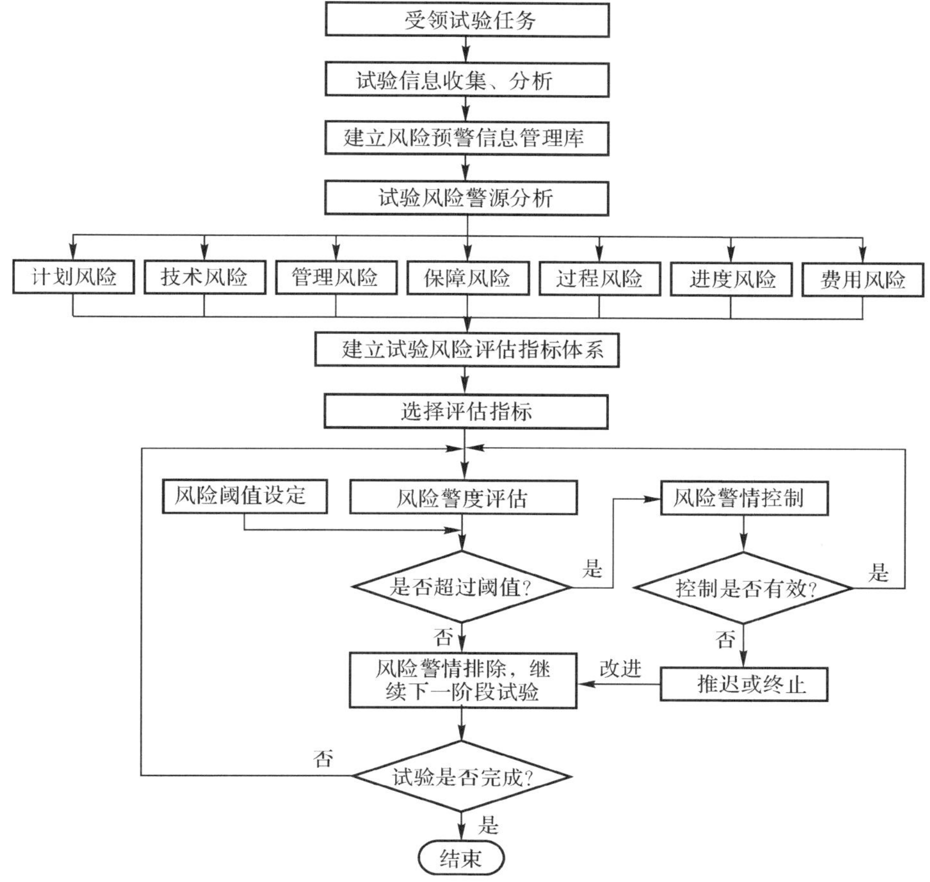

图 4.6　装备试验风险预警管理流程示意图

第5章　装备试验风险处理的途径与手段

本章对装备研制的风险问题进行探讨和研究，对风险的处理方式和思路进行概括，在此基础上，对常用的项目研制风险管理手段，如技术性能跟踪、预规划产品改进、费用与进度控制、独立估算与评估、研制风险区块管理等进行介绍与综合分析，探讨其应用方式。

5.1　风险处理方式

对工程项目的风险进行管理的最终目的是对风险进行处理并使其具有适当的风险。在风险分析完成后，风险处理就是风险管理过程中最后一项关键要素。一般而言，风险处理是对经过分析而得到辨识和评价的风险问题采取相应的措施。这些措施，就大的方面而言，它们可以归结为适用于用户的手段和适用于研制单位管理部门的手段；就风险处理的性质而言，它们一般可归纳为以下五类。

(1)风险避免。

(2)风险控制。

(3)风险承担。

(4)风险转移。

(5)调查和研究。

5.1.1　风险避免

风险避免可用于对工程项目风险进行权衡与决策的过程中。

风险避免实际上是一种风险厌恶的态度，可以表述为“我不接受这个选择，因为它有潜在的不利后果”。在许多情况下，都可以从若干备选方案中做出较低风险的选择，而做出低风险选择就是做出风险避免的决策。

在装备的研制中，风险避免的具体形式如下。

1. 针对技术风险源

针对技术风险源，降低新研制系统及设备性能改进的幅度，研制较为简化的系统设备，采用现有的系统及设备，不采用或少采用新工艺、新材料、新技术、新体制。总之，就是降低指标和功能的改进，并使复杂性降低，从而有效地降低技术风险。在前面曾分析过，进度风险和费用风险主要由技术风险所引起，所以降低技术风险，也就有效地降低了进度风险和费用风险。

2. 针对其他风险源

(1)避免计划风险。

一是引起上级机关的重视，避免行政延误。

二是及时了解上级和平级单位的有关情况，对技术方案的变动、进度和资金保障情况等要有一定的预见性。

三是尽量避免与工程项目有直接关系的人员的变动。

四是项目主管人员要对项目进行透彻的研究，以便于发现其中潜在的风险源。例如，可以对工程项目的各类计划进行全面经常的审查，以利于找出并隔离因计划不周而引起的风险(在美国，这种方式被称为“计划评价”)。

(2)避免纯粹的费用风险和进度风险。

一是避免估算错误。

二是辨识并分析人为的压低。

3. 风险避免与权衡

当然，一味地降低风险，采用低风险选择，也并不是理想的决策。如前所述，风险是与效益直接相连的，在装备研制中，没有风险(技术风险)就没有技术进步，也就失去了研制的意义。因此，这里有一个权衡的问题，风险既不能太高，也不能太低，而是要把项目风险确定在一个可控制的适当水平上。

如何对项目风险进行权衡，目前尚没有一个固定的程序，主要是根据决策者的经验(包括成功的与失败的)，并参照同类装备研制领域的某些成功的范例，综合分析后做出决策。有关经验表明，只要决策者注意到这个问题并有意识地加以考虑，那么权衡的效果一般来说是好的。

以上关于项目风险的权衡是一种思考方式，它引导决策者有意识地将风险确定在一个适当的水平上，当然这只是一种直线式的思维模式。在项目风险水平的选择中，有时为了某些特殊的目的，做出高风险的选择更为适当，这就是美国国防部的预规划产品改进 P^3I 原则。关于 P^3I 原则，将在 5.3 节中展开分析。

5.1.2 风险控制

风险控制用于装备的研制方案已定，研制展开阶段。

风险控制是所有风险处理技术中最通行的一种，它可以形象地表述为："我承认有风险，但我将尽力减少其发生，减轻其影响"。风险控制是对工程项目进行连续的监控和纠正的过程。

国内一位成功的企业主管曾经说过："管理就是控制，控制就是检查"。在风险管理中引入这样的观点未免有失偏颇，但将它用在这里，却是很恰当的。

风险控制方式有反馈控制和前馈控制两类。

1. 反馈控制

反馈控制指对各项研制工作的有规律的（或连续的）观察和现场监督，发现问题及时采取补救措施。如各种形式的审查、汇报、工作检查、阶段工作总结等，都是反馈控制的具体形式。

美国国防部为加强对项目采办过程的控制，规定了若干通用的模式，如项目费用/进度控制系统准则、项目执行度量报告等，详见 5.4 节。

2. 前馈控制

前馈控制是相对于反馈控制而言的，它的指导思想是工程项目中的许多技术风险都可以通过主动工作而得到减轻乃至消除，而不是只能在问题产生后再去观察和解决。做法是根据对风险的预先分析，制订风险降低计划，并跟踪其执行情况，对易出问题的地方提前制定对策（预防措施）。尤其是对项目关键技术，要实施重点管理。

对项目研制风险实施前馈控制的方式，因工程项目、管理体制以及个人风格的不同而有所不同（如 5.2 节推荐的方法），但无论如何，需要有勤奋而有责任心的管理者。

5.1.3 风险承担

风险承担是有意识地决定接受项目研制的不利事件发生的后果。

在装备研制中，不论怎样去避免和控制风险，总有一定数量的风险是需要承担的。因此在某种意义上，风险承担是在风险避免和风险控制的基础上，可以退守的最后一道防线，项目主管人员必须针对具体情况设定一个适当的、可以安全接受的“储备水平”，或最低的、可以接受的事项，具体包括性能降低、费用超支、进度拖延等。该事项可以是上述中的两个，或它们的某种组合，项目主管人员可根据需要，决定它是对外公布或不公布的。例如，针对费用超支，可建立项目风险储备金等。

总之，风险承担就是针对某个或几个已辨识出的风险后果有意识地决定采取或不采取行动（在这里，有意识地决定不采取行动和没有意识到风险的存在而未采取行动的区别是很大的）。

5.1.4　风险转移

风险转移是在风险避免、风险控制和风险承担的基础上发展起来的一类做法，它的指导思想是风险共担，即委托方和研制方共同承担风险，也可视为委托方和研制单位向对方转移风险。一般来说，这种转移对双方都有利。

在装备的研制和生产中，有许多处理方式可以起到风险转移的作用。如果应用得当，它们可以对减少研制风险起到相当大的作用。

(1)合同形式的研究。

1)针对研制项目容易超支的情况，在签订合同时确定一个基准费用，一旦研制费超过基准费用，超出的部分由委托方和研制方共同按一定比例分担。

2)针对研制工作易超期的现象，对于提前完成的项目，以适当的形式予以奖励；若超期，则予以罚款等。

3)针对装备及系统性能降低，亦可采用这种方式。

(2)金融行业建有企业信用评级制度，在军品研制体制中亦可借用这种方式（军品研制的信用评定和记录）。

(3)民用行业及航天等领域有为高风险项目办理保险的惯例，在军品研制中如何借鉴这种方式，是一个待研究的问题。

5.1.5　调查和研究

调查和研究本身不是风险控制技术，但是它们提供的是其他一些包含有价值信息的方法，这是一个连续不断的过程。它能使参与这个过程的人用其他一些方法进行风险处理的置信水平更高。调查和研究就是要取得进一步信息以便深入地评估风险并制订应急计划。

此外，有一点值得引起注意，即各种风险处理方法并非是彼此独立的。例如，承担某个工程项目所包含的某项风险并不妨碍项目管理人员去研究控制固有风险的措施。

5.2 技术性能跟踪

度量(包括分析与评估)装备研制的技术风险是一个非常困难的任务,它将耗费有关的管理者与分析人员相当多的时间与精力。然而,工作量更大的是对研制的技术问题的管理,这里介绍一种被称为技术性能跟踪的风险管理方法,它适用于大型装备的平台系统以及各载荷系统、设备的研制管理等。

5.2.1 基本概念

技术性能跟踪并不是什么新东西,它以这样或那样的形式已经存在了许多年,例如各种形式的检查、协调及报告制度等。技术性能跟踪方法建议使用一种技术风险评估报告,这种报告按固定的时间间隔(例如按月、按季度等)实行滚动式修订,以现行的工作水平数据为基础,仅用于提供现行趋势和状况的综述。

对于武器平台及其系统、设备的研制而言,性能跟踪可使用两类指标:一类是标准技术指标或称为通用技术指标,这些指标对各系统而言是通用的,已经证明它们可以有效地度量系统的技术性能;除标准技术指标之外,还可针对各系统性能特性提出其专门技术指标。对这两类指标都必须明确规定性能预测方法和约定的警告准则。这两类指标的示例如下:

(1)标准技术指标:包括尺寸、质量与重心、设计成熟性、设计更改数量及工作量、风险源排序清单、费用和进度执行指标与预计指标。

(2)专门技术指标:包括性能特性(速度、航程、能力、精度等)、物理特性(浮心、长度等)、效能特性(可靠性、安全性、后勤保障等)、环境条件(振动、温度、冲击等)、试验计划(计划试验的充分性等)。

5.2.2 应用步骤

应用技术性能跟踪方法管理性能风险的第一步,就是选择能用于研制项目的性能指标。一般而言,标准指标适用于各系统研制,特定指标的可用性会随着项目的进展而有所变化。例如,在机载系统的情况下,质量和尺寸总是非常重要的,而对安装在航空母舰上的系统来说,其质量和尺寸可能都不会那么重要,但如果系统安装在潜艇上,则尺寸就变得非常重要。

指标的选择应包括选择适用于整个工程项目的指标,也应包括适用于分系统的指标,某个研制工程项目的不寻常的方面常要求使用专门的技术指标进行衡量。但一般而言，在装备研制的总体管理层次，仅需选择各系统的有代表性的若干顶层参数进行跟踪，因为需进行跟踪的用以支持这些关键参数的详细参数可达其10倍以上。

对于每个指标，不论是标准的还是专门的，都必须具有确定用于数据收集和评估的基本法则。它可以是一本字典的形式，说明指标的对象、为什么选择它、指标的使用和当产生一个信号指示正在形成某个问题时应当如何去做等问题。这些说明应当充分、详细，以便系统使用人员理解指标的含义以度量与风险的关系。

在入选指标的寿命周期间应能预计其期望的趋势，期望值可以采取许多不同的形式（如曲线或函数），但是应当具有工程项目指标（不论是费用、性能还是各种组合）的跟踪性。此外，还必须对每个指标建立起相应的评价准则，以便使其能标示出偏离的发生和其他的意外情况。在表示方式上，可以使用颜色编码（如红、黄或绿）表示高、中或低风险，也可以将百分比条块用于表示相同类型的信息，这些条块可以随时间进展而发生变化，即随着临近结束的时间越来越紧，或者随着时间推移越来越宽松。在任何情况下，项目管理者、研制者都应当同意并了解偏离的范围及其重要性，以便采取措施。

在进行性能跟踪时，应建立正式的报告系统和正式的组织体系（从研制单位到项目主管单位乃至用户），否则以上所述的内容都将不起作用。在这种体系下，研制单位被要求提供项目真实的进展情况及所选指标的实现情况，或者类似的可用于导出这类趋势的信息。根据研制项目的类型和项目主管的风格，报告系统的形式会有所不同，例如结果可以是项目风险管理报告的方式，可以是项目定期简报的方式，也可以是简单的数值图表的方式，但是在任何一种情况下，它都必须能直接用于研制者和项目主管制定决策，以影响工程项目并纠正偏差。这就要求在相应的研制单位和用户的管理和协调体系中，设专人负责保证这项工作的准确性和及时性，并保证将风险情况告知有关决策人员。

总的来说，应用性能跟踪方法的主要步骤是：

(1)应用标准指标；

(2)选择专用指标；

(3)建立数据定义；

(4)预测期望的趋势；

(5)制定评价准则；

(6)建立报告系统；

(7)采取措施以纠正可能出现或已经出现的偏差。

5.2.3 应用示例

图 5.1 显示了某系统在某个研制阶段的预期质量变化情况。

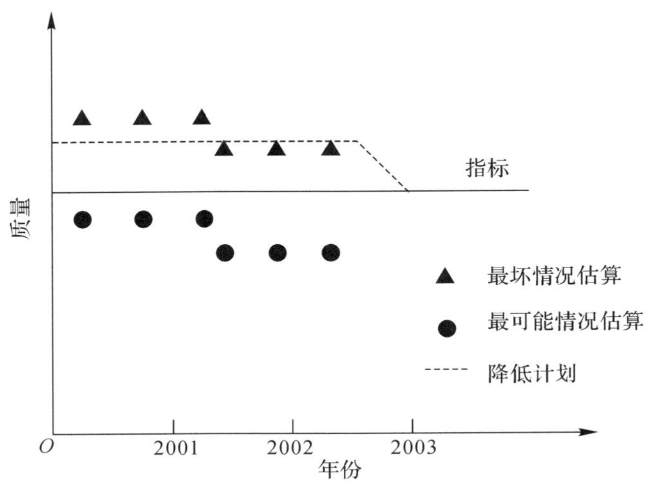

图 5.1 系统研制中预期的质量变化

目的:说明最坏情况和最可能情况估算与规定指标和降低计划的比较数据基本法则。

(1)以分系统最可能估算之和为基础的系统最可能估算。

(2)以分系统最坏情况估算之和为基础的系统最坏情况估算。

在美国海军“斯普鲁恩斯”级舰的研制试验过程中,对居住性的有关指标进行的跟踪控制也是很有代表性的。该级舰的居住性标准在合同说明书中就已制定,在整个设计阶段和建造期间,这些参数受到严密的跟踪监视,以免被系统的分配和现场施工结果所侵占。监视重点包括所有作战区和生活区,主要通道中的 1.69 m(66.5 in)最小甲板间高,单人、中间和双人走道分别为 0.69 m、0.91 m、1.37 m(27 in、36 in 和 54 in)的最小通道宽度,每人最小床铺面积为舰员 1.72 m^2(18.51 ft^2)、海军军士长 2.14 m^2(23.03 ft^2)、军官 4.60 m^2(49.51 ft^2),每个住舱内有娱乐桌、一个储藏柜、一个洗衣间。舰员平均占有的生活空间约为 635 ft^2,包括卧室、医务室、卫生间、食品储藏室和餐厅。居住条件的空间和布置要求通过对舰的调查进行验证,照明和空调要求通过舰上测试进行验证。表 5.1 为 DD963 级舰部分居住条件的要求值与实际值的对比。

表 5.1 DD963 级舰部分居住条件的要求值与实际值的对比

参数	舰员		军士长		军官	
	最低要求	实际值	最低要求	实际值	最低要求	实际值
居住人数	251	252	21	21	24	25
铺位总面积/ft^2	4 699	5 712	510	674	1 216	2 278
储藏室总容积/ft^3	2 133	2 913	336	862	546	1 134
卫生设备总面积/ft^2	537	1 334	97	164	126	328
$\frac{\text{可饮用蒸馏水}}{\text{gal} \cdot \text{d}^{-1}}$	8 880(要求) 12 000(可应用)					
储水/gal	11 840(要求) 14 018(可应用)					

注:表中加仑(gal)为美制,1 gal≈3.785 4 L。

5.2.4 其他有关问题

由以上讨论可知,技术性能跟踪与其说是一种风险管理方法,不如说它更是一种风险管理体制,它将以前目的不那么明确的检查、协调和报告制度逐步正规化。当然,与常规体制相比,它增大了项目研制管理的工作量。为得到一个可靠的技术风险评估,所有主要参与者都必须理解评估的重要性,并且主动参与建立和实施该评估系统。队伍的每位成员都应参与工程项目技术风险的初始评估并协助选择用于跟踪风险的指标。经验证明,在发生失败之前,早期发现潜在的问题并采取正确的管理措施,一般可以避免或至少减轻失败,所获收益将足以补偿所付出的劳动。

在风险管理中,风险控制是最关键的要素之一,而性能跟踪正是风险控制的一种手段。从性质上讲,它基本上属于前馈控制(反馈控制是待问题出现以后才采取措施)。由反馈控制的特点可以知道,反馈控制的弱点之一就是信息回送的时滞往往过长,即从出现偏差到采取措施去纠正偏差的间隔过长,导致到采取措施去纠正偏差时,可能对项目已经产生了很大的不利影响。使用该方法建立一种基于趋势预测的快速而灵敏的反应机制,它是最有效的风险控制技术之一,应用得当,对项目研制管理将会起到很大的作用。

5.3 预规划产品改进

预规划产品改进(Pre - Planned Product Improvement，P^3I)是美国军方在项目采办中的一个原则，它能较好地解决项目研制中的技术风险以及与之相关的许多问题。

预规划产品改进原则起源于1981年美国国防部的采办改进大纲，它规定在重大武器系统采办时应采用 P^3I 原则。

P^3I 原则旨在协调高的研制目标(对应于高水平的技术风险)、迫切的现实需要与研制项目的低风险要求之间的矛盾。按这种方式处理武器装备的研制问题，可以使得每一个研制阶段的风险水平较低，最终还可以达到较高的研制目标，同时满足高目标与低风险两方面的要求。

5.3.1 P^3I 的定义

P^3I 原则是武器系统的一种渐进式采办方案，通俗说就是“瞄准高目标，分阶段实施”。这种方案能够有计划地使用资源，以达到系统能力、效用和使用可用性的有序及分阶段的增长与发展。P^3I 也是一种采办策略，它推迟技术上困难的系统要求，而采用一个近期的系统，该系统包含适应将来改进的各种设计上的考虑。推迟的各种要求与基本系统平行开发，并持续到其生产决策之后。

P^3I 应与常规的产品改进区分开来，常规产品改进是一项开发和应用改进的独立(产生新的费用)工作，其开发和应用的改进在基本系统的研制期间并未开展。

P^3I 起始于方案探索阶段并持续贯穿于系统寿命周期。如果不是系统要求文件专门阐述要求发展的领域，并且给出升级的大概时间，就不能采用 P^3I 原则。例如，一种新火炮试验样机的需求说明可以是：“在10周之内要求射程30 km，在10周之后不晚于6年的时间里要求45 km，不晚于2008年要求60 km”。这就允许工程项目研制和生产基本系统，与此同时寻求技术的发展，该技术是改进和基本系统二者都需要的。这意味着研制拨款将继续流向该项目，以支持增长升级的发展。在第1步改进采用之后，由于技术和威胁，6年的变化已经成为过去，可以展望第3步升级。系统要求文件得到修改，平行于这种升级进行的研制开始。因此，P^3I 探寻积极地开展系统改进，并由此扩展系统的有用寿命，降低替换系统的需求。

5.3.2　P^3I 的优点

P^3I 工具有如下的优点：

(1)通过更为迅速地利用技术上的进步，在系统的寿命期内引入更高的技术性能。

(2)缩短采办和部署时间。

(3)减少系统技术风险、费用风险和进度风险。

(4)延长系统有用的寿命(避免过早报废)。

(5)减少重大系统立项要求。

(6)在寿命期内，改善系统使用的战备完好性。

5.3.3　P^3I 应用准则

不是所有武器系统研制都适用 P^3I 原则，但在以下条件下，它能够应用并应予以考虑。

(1)有一个需要满足的长期的军事要求。

(2)威胁或需求表明更改作为一种时间函数，要求更改与之对应。

(3)在整个时间里期望系统性能有所增长。

(4)一种近期的基本系统是需要的，并且是可以接受的。

(5)主管部门愿意付出较高的初始费用，以便获得将来探索的发展潜力。

必须注意，当采用 P^3I 时，系统将来改进的需求必须在工程项目研制早期明确，项目研制必须包括推迟的性能改进的平行开发。这就清楚地意味着，在生产和部署基本系统之后，项目研制仍继续有投资。在 P^3I 方案下，只要执行渐进的研制策略，研制资金必须继续流向工程项目。

一个有效的 P^3I 策略应包括以下内容。

(1)模块化和开放性设计。

(2)仔细设计的结构接口系统。

(3)在有关的工程准则之上的发展条款。这些工程准则对于众所周知的发展要求来说是关键的，并且可以用作生产已停止和已部署系统的改型。发展的领域包括(但不局限于)空间保障、重量改变、冷却能力、动力要求、电气连接、计算机处理能力及与其他系统的接口。

5.3.4　P^3I 的实施步骤

采用 P^3I 的决策应尽可能在研制早期做出，但只要适当的条件存在，重大的改进已标明，并且军方支持开始主动的升级过程，甚至在系统已生产出来之后，也可做出这项决策。实施 P^3I 应考虑以下 12 个步骤。

(1)开展适当的威胁和技术评估，以标识 P^3I 的需求和潜在效能。

(2)将 P^3I 作为工程项目采办策略的一个特定单元并留出适当的时间、资金和承包商保障(必须拨出资金以开发较高的技术，并且该资金绝不能用于基本工程项目的费用增长资金)。

(3)在采办策略中，要确保在 P^3I 期间和在所有改进实施之后，基本系统的后勤保障性得以保持。此外，还要针对保障系统开展 P^3I。

(4)为便于实施，制订一项将系统发展要求转变为初始设计策略的计划。设计基本系统时，头脑中必须牢记 P^3I。改型/改进费用将与系统早期设计费用成反比，并将在晚些时候纳入 P^3I。

(5)制定出一组系统要求文件，这些文件将纳入技术研制。另外，还包括一个有序的、按时间阶段增强系统能力的综合要求。

(6)随着工程项目研制的开展，要制定策略和计划以便进行研制、签订合同、安排进度、制定预算并综合 P^3I 改进。在规划、计划和预算系统(PPBS)周期中，必须标识资源要求，并将其置于适当的文件中。

(7)建立并保持一个高度规范化的技术状态管理系统。在分系统界面、空间、质量、动力、冷却时间、重心、电磁辐射、后勤保障系统等方面，必须应用严格的技术状态控制。应建立足够的通信渠道，以保证改进数据反馈，并保持线性的技术状态。

(8)在工程项目初期将 P^3I 采办策略通知工业部门，并吸收工业部门参与制定该策略的程序。初始的征求建议书应规定基本能力或系统目前暂不需要的但期望今后采用的其他特性，便于纳入改进的设计上的灵活性，可用来作为一个评价准则要素。对于方案验证/确认和全面研制阶段的建议的评价准则应涉及供货商建议和实施 P^3I 大纲的能力。

(9)一旦确定，就要保持 P^3I 计划。该计划的输入来自军方和工业界、实验室、主承包商、分承包商，以及为系统改进所发现的掌握新技术的其他人和新机遇。随着技术的进展和威胁的变化，计划应及时修订以保证其不会落伍与过时。

(10)编制并保持系统改型计划。实施一项改进改型的初步工作是编制一个改型计划。该计划的要点应包括以下内容。

1)改进的目的：对系统效能的影响。

2)改进的说明：动力、质量、容积、数据接口等。

3)改进项目标识:类型、分布、技术状态、可用性等。

4)实施策略:进度、改进、阶段划分等。

5)组织机构责任:通信路线、技术状态管理、数据的产生等。

6)后勤保障:包装、装卸和运输、训练、手册和供应等。

(11)确保试验和评价策略包含在整个研制和生产采办阶段中,并使其保持 P^3I 能见性。

P^3I 系统样机可要求生产系统作其试验台,这就要求设计一个反馈系统,以便作为试验的结果对基本系统做的更改,这些更改影响 P^3I 设计,可及时提供给 P^3I 的设计者。

(12)适当地设计基本型以便其能够接受 P^3I 改进型。生产策略应保证适当的工装和试验设备能为改进所应用,部署策略应包括分阶段更新的方法。

5.3.5　P^3I 的应用实例

在 P^3I 的应用方面,美国海军的“斯普鲁恩斯”级舰的设计就很有代表性。在“斯普鲁恩斯”级舰设计时,就考虑到了除研制基本型以外,还将现代化型和对空型两种舰型列入研制计划。

现代化型改装任务包括用 203 mm 炮替换 127 mm 主炮,用多用途 MK26 型发射装置替换 MK16 型“阿斯洛克”反潜火箭发射装置,增设红外假目标和发射装置,增设鱼雷探测器和鱼雷干扰发射器。

对空型改装任务除现代化型的改装外,还包括:用多用途 MK26－Ⅰ型发射装置替换 MK29 型“海麻雀”对空导弹发射装置,把 MK86－Ⅰ型火炮火控系统改为 MK86－Ⅴ型,用 SPS－48B 三坐标对空搜索雷达替换 SPS－40B 二坐标对空搜索雷达,增设导弹武器导引设备、MK74－4 型“鞑靼人 D”导弹火控设备、一级空中指挥系统,拆去 MK91 型北约“海麻雀”导弹火控系统、变深声呐系统和“密集阵”近程防御系统。

基本型模块式设计中对舰体纵向构件按现代化型进行设计,并考虑未来的改装。舰首部的 127 mm 主炮基座结构设计为便于未来更换 203 mm 火炮,强调必须考虑 203 mm 火炮的基座和支承结构。后桅设计要求能适应用 SPS－48B 型三坐标雷达替换 SPS－40B 对空搜索雷达。

在稳性和储备浮力的裕度方面,考虑到现代化型改装,在主甲板平面增加压载 350 t。在航速、功率与续航力方面,基本型所选择的动力装置已考虑为现代化型提供规定的航速与续航力。在电站与辅助系统方面,基本型舰上设置 3 台燃气轮机发电机组,每台 2 000 kW,共计 6 000 kW。这些电力除能持续提供现代化型舰所需的最大战斗负荷以外，尚有 1 000 kW 储备电力，完全可以满足进一步改装为对空型的需求。400 Hz 电源由 3 台 150 kW 的 60 Hz/400 Hz 固态变频器提供并留有增加第 4 台的空间。对基本型和现代化型来说，两台发电机可以提供全部战斗负荷，对空型舰则由 3 台机组提供全部战斗负荷。

“斯普鲁恩斯”级首批两艘舰按照兼有常规和模块式建造特点的半模块式方法建造，首舰建造分成 3 个模块分段完成，然后沿着厂内铁轨系统移至指定的装配区合拢，再通过 200 t 吊车把完全装配好的甲板室吊到船体上。

其余后续舰均按模块式设计概念建造，即设计时尽可能把功能体包含在一组体积内，并在施工设计中留有相应的余地，从而在可以预见的未来的现代化或使命改装时，避免重大的结构变动和布置更改，以及大量修改、替换保障设备，使该级舰在 30 年的舰龄使用期内以最少的费用、最短的时间而使舰上武器不断更新。

由于采取以上措施，31 艘“斯普鲁恩斯”级舰中的 24 艘改装导弹垂直发射系统得以顺利进行。

在美国海军的 CG－47“提康德罗加”级“宙斯盾”防空导弹轻巡洋舰的研制中也曾较好地应用了该原则。在研制该级舰时，注意了合理地设计作战系统的体系结构，且特别注重雷达的探测能力，这两项内容加上其他措施，使得后续舰的系统改进后设备能力得到了充分的发挥。

为保持“宙斯盾”作战系统的现实性和先进性，在该级舰建造中，作战系统采用该原则，分为 5 个阶段进行实施。

第 1 阶段为首舰加装“兰普斯”－Ⅰ直升机系统，第 2 阶段为“文森斯”号以后的各舰装备“兰普斯”－Ⅰ直升机系统、RAST 快速拉降起降甲板系统及Ⅱ型“标准”导弹，第 3 阶段为“邦克山”号以后各舰加装垂直发射系统及“战斧”巡航导弹，第 4 阶段为“圣哈辛托”号以后各舰加装 SQQ－89 综合声呐（包括 SQR－19 拖曳线列阵声呐）等，第 5 阶段为“普林斯顿”号（CG－59）以后各舰换装改进的 AN/SPY－1B 雷达及高级的 UYK－43/44 计算机等。1990 年，又利用“兰普斯”－Ⅲ直升机系统进行了中继制导，利用“张伯伦湖”号上的“鱼叉”导弹发射装置成功地发射了第 1 枚 SLAM 超视距增程反舰导弹。“标准”导弹也正在改进，以便能拦截弹道导弹。按照这种办法，既可提高舰艇作战能力，为舰队提供最好的作战系统，又可减少研制风险并节省费用。

此外，美军在空中发射的巡航导弹（ALCM）的工程研制中，也成功地应用了 P^3I 原则。

在初始设计 ALCM 时，首先确定实现一个基本型，同时在基本型设计时就考虑未来 ALCM 的射程会增加，因而将结构强度、保障和内部技术状态设计成能容纳潜在的推动力增加，以便当未来实现发展型并达到增加后的射程要求时，不需要为容纳这种能力而对结构进行重大的设计更改。

在设计 ALCM 的弹翼(升降副翼)时，其基本型的弹翼按现行任务要求设计，同时知道军方在未来需要更改任务剖面且弹翼的设计将作为高度和速度的一个量数而变化，所以弹翼与弹体之间用 8 个贯通螺栓连接而不采用固定的方式与弹体结构连接在一起。这既简化了制造组装要求，也简化了未来的更改要求，使得 ALCM 的工程“升级”变得很容易。

类似的例子还见于美国陆军的 M－1 主战坦克，按目标型设计，该坦克应装备 120 mm 口径的滑膛炮，而前期生产的 M－1 坦克，按预先计划，则装备 105 mm 的线膛炮，但在早期研制的时候，已为该换装做好了计划。

5.3.6　综合分析

P^3I 原则实际上就是我国装备研制中的“小步快跑”“多研制，少生产”原则的另一种方式，只不过这种方式是在高度模块化设计的前提下在一个型号上有计划地实现的，因而它也是一种更加合理的方式。

这种方式给出了在不严重地变更初始设计的前提下，将技术的进步纳入基本系统的灵活性。由 P^3I 提供的模块设计允许系统发展，以满足变更着的威胁程度，并可在适当的时间阶段，纳入重大的技术进步或使用机遇。它可以降低基本系统的技术风险，使得在减少单位费用并减少易于发生的经费超支、进度拖延的前提下，较早地部署系统。因此，对于我国装备研制，P^3I 应是一种有价值的借鉴方式。

5.4　费用与进度控制

风险控制的一个重要方面是有规律地观察工程项目的情况，并制定选择方案予以反馈，以便获得一个风险较低的解决方案。在这方面，一种有价值的借鉴方式是美国国防部使用的费用/进度控制系统准则和与之配套使用的两种项目执行度量报告，即费用执行状况报告和费用/进度状况报告。下面分别对其进行分析和介绍。

5.4.1 费用/进度控制系统准则

费用/进度控制系统准则是一类通用准则,该准则主要有两个目的:

(1)促使并指导承包商建立有效的内部费用和进度管理控制系统;

(2)在此系统下,保证向用户提供为确定与产品有关的合同状况所产生的适时并可核查的信息。

该准则要求承包商所建立的控制系统具有如下能力:

(1)建立按时间阶段划分的预算与特定的合同任务和工作说明的关系;

(2)指示工作进展情况;

(3)正确建立费用、进度和技术完成情况的关系;

(4)数据是有效、及时且可审核的;

(5)为军方管理人员提供一组实际汇总的信息。

总的来说,该准则要求承包商建立的费用/进度控制系统具有根据已完成的工作与预定要完成的工作对比来改进项目研制(或生产)的能力。在这里,已完成的工作被称为“获得值”。“获得值”及其相关的概念具体定义如下。

(1)已执行工作的预算费用:已完成工作包和未完成工作包中已完成部分的预算,加上在规定时间内已完成和已分配的工作的预算的相应部分之和,也称为获得值。

(2)已安排工作的预算费用:所有计划要完成的工作的预算,加上在规定时间周期内预计要做的工作和要分配的工作的相应部分预算之和。

(3)已执行工作的实际费用:在规定时间内完成要执行的工作中实际发生和记录的费用。

(4)完成时的预算:计划用于合同和/或每个较小任务或工作分解结构单元的总预算量。

(5)完成时的估算:到目前为止的实际费用加上还剩余工作的估算费用,包括直接费用和间接费用。

项目进度偏差是将已实施的工作总量(获得值)与预计要做的工作总量的比较,这里用预算(美元)术语表示与计划的差别。同样,获得值与已做工作的实际费用的比较也提供项目当前的费用偏差。换句话说,获得值和已执行工作的实际费用提供执行情况的客观度量,因而可以进行项目执行情况的趋势分析并在各种合同级别上确定完成时的费用估算。

除了强调“获得值”的概念外,该准则要求适时汇总并向军方管理层报告完整的合同执行计划真实基线的确定和控制。产品和执行机构各自的执行情况的有关信息，以及在合同内相对低层的完成情况度量等项目执行情况，报告的频率（例如按月提交）和提交报告的方式则在合同中确定。

为达到以上目的，对涉及以下 5 个方面的问题制定了 5 条与之相关的准则。

(1)组织机构。强调要求由承包商执行的工作的定义和将任务指派给负责执行该工作的组织机构。

(2)规划和预算。必须将所有批准的工作都安排妥当，并将预算分派给指定的合同工作管理单位。将预算按计划分段进行分配产生一个可以与实际执行情况进行比较的按时间阶段划分的计划。该计划可以进行必要的更改，但必须严格控制并用文字记载其演变过程。

(3)会计工作。承包商所用的会计系统必须能充分地记录相应于合同的所有直接费用和间接费用，这些费用必须从一个规定的层次直接汇总，在这个层次上，通过工作分解和职能组织机构将这些费用用于合同。

(4)分析工作。准则建立承包商系统必须具有的特性，规定要推导出的 5 个基本数据元素，且承包商经理要使用这些数据确定实际合同状态。

(5)修订。按该准则检查承包商对计划进行修订的能力，这种修订可以是由合同更改引起的，也可以是由于内部条件引起的，不论哪种情况，范围更改或范围内的内部活动重新规划都必须根据规定的方式完成并保持项目执行计划的有效性。

实际上，不管有无该准则，在工业部门的各单位内部都存在着若干类型的管理控制系统，以保障工程项目按预定的计划完成。但是，按照美国国防部的规定，承担重大武器系统研制和生产的承包商必须按此准则建立起项目费用/进度控制系统，这有点类似于“资格审查”。按规定，当与一个不具有事先已经证实可以接受的管理控制系统的承包商签订合同以前，军方应审查其控制系统以确保符合该准则，对承包商管理控制系统的审查是以三军（陆军、海军、空军）联合验收的形式进行的，而且只要一次验收成功，且系统继续满足该准则的要求，验收就保持有效。

在美国，对按该准则要求建立管理控制系统也是有争议的。美国军方认为，由于有统一的规定，该准则的统一执行会避免将多个费用和进度控制/检查系统强加给承包商，即该准则规定的管理控制系统是统一的、唯一的，也是完备的，因而简化了对工业部门的可能的多重要求；承包商则抱怨这样做需要投入额外的时间和费用,但是这额外的管理费用却找不到出处等。总的来说,费用/进度控制系统准则要求研制单位建立一个系统,这个系统用于对预定的项目进程(费用、进度、工作安排)进行控制,并向军方提供项目进展的详细情况。

随着该准则的具体化要求,项目进展情况的提供方式有两种,即下文将要提到的项目的费用执行状况报告及项目的费用/进度状况报告。

5.4.2 费用执行状况报告

费用执行状况报告是前述的准则要求下建立起来的费用/进度控制系统的产物,它的目的是使用军方管理人员定期或不定期从承包商处获取有关项目费用、进度和技术性能方面的信息,以便视情采取相应的管理措施。除此之外,它还能使用户留下一份完整的工程项目进行情况的记录,以便于事后分析。

项目费用执行状况报告以表格的形式提交,它包括5份独立的表格(表格1～表格4的格式略)。

表格1:按合同工作分解结构对系统进行分解,对每个分解单元要算出现行的和累计的费用与进度执行情况(在费用/进度控制系统准则中规定的“获得值”及其相关的数据元素),其中“现行”是指最近一个统计周期,“累计”是指从合同开始到最近时期,对每一分解单元的超出预先谈好的门限的费用和进度偏差要求予以解释。

表格2:表示由不同职能机构分解的合同工作,除此之外的表格内容都与表格4相同。

表格3:显示按时间阶段划分预算,包括现行周期、到目前为止的累计值、以后6个月的预算及预计到合同结束为止的5个其他特定周期的预算值。如果适用,这里也标出对未来预算的更改、管理储备金的使用等问题。

表格4:显示与表格2对应的各职能机构的人力负荷,表格形式与表格3相同。

表格5:问题分析表格处理,显示合同总体状况、通过分析预计的和实际达到的事件差异导致的重大的进度和费用差异、基线更改理由、使用管理储备金的基本原则和任何其他要求管理透明度的合同问题。这里要解释发生的所有问题,即产生现行状况的历史和正在采取的解决问题的措施、工作执行情况等,也包括对未来的行动进行重新规划并标明相关费用。

表格5的格式如表5.2所示。

表 5.2 费用执行状况报告——表格 5(问题分析)

<table>
<tr><td colspan="5">费用执行状况报告——问题分析</td></tr>
<tr><td>承包商
地点
RDT&E
生产</td><td>合同类型/编号</td><td>工程项目名称/编号</td><td>报告周期</td><td></td></tr>
<tr><td colspan="5">评价
第一节 总合同
第二节 费用和进度偏差
第三节 其他分析
第四节 超目标基线</td></tr>
</table>

5.4.3 费用/进度状况报告

费用/进度状况报告与前述费用执行状况报告类似,只不过它适用于较小的系统采办:合同费用超出 200 万美元,但是研制费低于 4 000 万美元或采购费低于 1 亿 6 000 万美元的项目。

相应地,该报告的使用不要求军方对承包商的管理控制系统进行验证,即军方不评价或验收其管理控制系统,从而给承包商以合同管理的最大灵活性,其假设的前提条件是承包商的管理系统是合适的。

这类报告仅包括两份表格,而不是费用执行状况报告(Cost Performance Report,CPR)的 5 张表格。它提供两张与 CPR 的表格 1 相似的表格,但仅包括合同分解结构要素的累计数据(见表 5.3),第 2 张是问题分析说明,与 CPR 表格 5 相似。

表 5.3 费用/进度状况报告——表格 1

<table>
<tr><td rowspan="2">承包商
地点
RDT&E
生产</td><td colspan="3">费用/进度状况报告</td><td colspan="2">签署:姓名和周期</td></tr>
<tr><td>合同类型/编号</td><td>工程项目名称/编号</td><td>报告周期</td><td colspan="2"></td></tr>
<tr><td colspan="6">合同数据</td></tr>
<tr><td>(1)
原始合同目标费用</td><td>(2)
谈判后合同更改</td><td>(3)
先行目标费用
(1)+(2)</td><td colspan="2">(4)
授权的未定价工作的估算费用</td><td>(5)
合同预算基础
(3)+(4)</td></tr>
<tr><td></td><td></td><td></td><td colspan="2"></td><td></td></tr>
</table>

续表

<table>
<tr><td rowspan="2" colspan="1">承包商
地点
RDT&E
生产</td><td colspan="5">费用/进度状况报告</td><td colspan="3">签署:姓名和周期</td></tr>
<tr><td colspan="2">合同类型/编号</td><td colspan="2">工程项目名称/编号</td><td>报告周期</td><td colspan="3"></td></tr>
<tr><td colspan="9">执行状况数据</td></tr>
<tr><td rowspan="3">工作分解结构</td><td colspan="5">目前为止的累计</td><td colspan="3">完成时</td></tr>
<tr><td colspan="2">预算费用</td><td rowspan="2">执行工作的实际费用</td><td colspan="2">差异</td><td rowspan="2">预算</td><td rowspan="2">最新预算</td><td rowspan="2">差异</td></tr>
<tr><td></td><td></td><td>进度</td><td>费用</td></tr>
<tr><td>(1)</td><td>(2)</td><td>(3)</td><td>(4)</td><td>(5)</td><td>(6)</td><td>(7)</td><td>(8)</td><td>(9)</td></tr>
<tr><td>总的管理费用</td><td></td><td></td><td></td><td></td><td></td><td></td><td></td><td></td></tr>
<tr><td>非分发预算</td><td></td><td></td><td></td><td></td><td></td><td></td><td></td><td></td></tr>
<tr><td>管理储备金</td><td></td><td></td><td></td><td></td><td></td><td></td><td></td><td></td></tr>
<tr><td>总计</td><td></td><td></td><td></td><td></td><td></td><td></td><td></td><td></td></tr>
</table>

5.4.4 报告的使用方式

以上两类报告及其报告提交体制提供供管理用的相似的累计数据元素以便分析。从这些数据中可以很容易地发现进度和费用偏差,从而可以引起对合同的某些特别区域的适当管理注意力。

(1)费用偏差表示哪些实际完成的工作的费用高于或低于计划的区域,相应的管理事务包括:

1)哪项任务引起偏差?

2)为什么这些费用会过高(低)?

3)在未来任务中是否能控制这些费用?

(2)进度偏差指标能帮助找出那些工作超前或落后于预计进度的系统单元(CWBS 要素),相应的管理事务包括:

1)为什么这些工作会落后于进度?

2)有哪些特殊的任务?

3)这些任务是否在关键路径上?

4)如果必要,是否有重新跟上进度所需要的资源?

以上应用说明项目管理人员可以通过有关数据产生进度和费用执行状况指标。反过来,也可以将这些指标用于合同剩余的工作,以便在每个系统单元或在总的合同水平上产生一个完成时的新估算。在 CPR 表格 2 的情况下,也可以在每个职能组织上实施这些分析。将这些计算得到的估算与报告的内容进行比较常常会指出那些值得管理人员注意和讨论的区域。

总之,以上报告的使用旨在显示项目研制或生产过程中的费用增长和进度拖延的情况,并说明引起风险的原因,以供项目管理人员进行研究并查明它们对工程项目的影响,如有必要,就采取相应的措施去控制和纠正这种不利影响。然而,有一种观点认为,仅仅采用这种报告体制对项目风险进行管理是远远不够的,因为它属于标准的反馈控制模式,信息反馈的周期太长是它的主要缺点,等到报告表明某些偏差出现时,不利影响就已经造成。从这个角度看,说它不能替代主动的工程项目管理也是有道理的。

5.4.5 其他相关的报告及要求

(1)承包商成本资料报告。该报告的目的是为以下三个方面提供一个一致的、统一的历史成本数据。

1)编制重大武器系统采办的独立费用估算。

2)进行成本估算以支持有关分析和合同谈判。

3)跟踪承包商谈判的成本。

该报告要求按照费用项目标准定义、标准的工作分解结构(WBS)及统一的报告格式提交。据介绍,美国海军规定该报告对所有新的武器系统采办和工程项目都是强制性的。

(2)合同资金状况报告。提交该报告的目的在于以下 4 个管理用途。

1)更新和预测合同资金要求。

2)规划和制定资金更改决策。

3)编制资金要求和预算估算,以支持已批准的工程项目。

4)确定超出合同需求的可用资金。

在正常情况下,美国海军规定该报告适用于资金超过 50 万美元的所有合同。

(3)研究和技术工作单元总结。研究和技术工作单元总结用于报告工程项目的所有的单元级别的正在进行的工作,该单元总结要求每年更新一次(亦有标准格式),若项目有重要的更改发生,则根据需要进行更加频繁的更新。

(4)科学技术报告。科学技术报告将项目研制工作的结果以永久性记录的方式总结成文,它也是合同要求的一种报告类型。按规定,该报告必须包括一份标准格式的表格(称为“报告文档页”),并且所有项目的该报告副本都要求提交给国防技术信息中心备案。

5.5 独立估算与评估

独立估算与评估技术主要包括独立费用估算和独立技术评估,它要求倾听来自工程项目直接管理人员以外的独立的观点,以便于更加客观地揭示工程项目的风险状况。

5.5.1 独立费用估算

在实际工作中往往发生这样的事情,工程项目的支持者对项目费用的估算,由于其固有的思维模式,在反复检查中仍然意识不到误差的存在,或者出于某种目的,对某种费用增长幅度会做出较低的估算。为避免这种情况的发生,美国国防部规定对项目费用必须采用独立费用估算方式,以使制定的项目预算较为切合实际。要求在项目进入全面工程研制阶段以前,为每项重大的采办项目的费用都提供一个独立的估算数值,即“除非已向国防部长提交工程项目的独立费用估算,否则国防部长可以不批准一个重大采办工程项目的全面研制和生产”(1984 年授权法)。

有关资料介绍,美国海军采办项目的费用估算一般由主要研制单位进行,并逐年修正。独立费用估算则由海军费用分析中心完成,在费用估算完成后,国防部长办公室下属的费用分析改进小组负责审查和评价两种估算值:独立费用估算、主要研制单位费用估算,并对它们的差异进行详细的比较和分析。工程项目管理办公室在提出项目预算时也要考虑这些独立费用估计数。根据有关规定,工程项目管理办公室若要采用比独立估算数低的项目费用估计值,则必须说明要这么做的理由。

总之,独立费用估算的关键是在独立于现有的组织渠道外进行估算,它提供一种站在另外一种立场上、超然的费用估算值,由于摆脱了某些既得利益的影响,所以人们有理由假设估算的客观性增加。

此外,为较准确地估计武器装备的费用,美国国防部与有关部门达成协议,为国防部的研制与采购计划单独做出通货膨胀预测。因为军品研制与采购的实际通货膨胀率比国民经济总产值紧缩价格指数要高,按这种单独做出的通货膨胀率来估算武器装备的费用，才比较接近实际。

表 5.4 反映了 1960—1983 年美国海军舰艇采办通货膨胀率与同期美国城市消费者价格指数（包括能源、食品、住房、服装、交通运输、医疗及医疗服务、燃料油、电力、煤气、电话服务等项目）的对照情况。

表 5.4　1960—1983 年美国海军舰艇采办通货膨胀率与城市消费者价格指数对照

年　份	舰艇采办通货膨胀率/(%)	城市消费者价格指数/(%)
1960	−0.73	
1961	1.91	1.01
1962	−1.16	1.00
1963	0.28	1.32
1964	0.44	1.31
1965	3.77	1.61
1966	5.77	2.86
1967	6.56	3.09
1968	7.01	4.19
1969	11.29	5.46
1970	8.19	5.72
1971	9.01	4.38
1972	7.28	3.21
1973	7.29	6.22
1974	15.50	11.04
1975	16.31	9.13
1976	15.66	5.76
1977	8.11	6.50
1978	8.39	7.59
1979	9.80	11.35
1980	11.11	13.50
1981	11.86	10.32
1982	9.65	6.11
1983	8.50	3.21

通过对比可以看出，从 1965 年开始，舰艇采办通货膨胀率开始超出城市消费者价格指数，而且超出幅度较大(最大为 172%)。认真分析这一现象，会得出许多有用的结论。

5.5.2 独立技术评估

与独立费用估算类似，独立技术评估要由那些不受工程项目直接管理人员控制的人员来完成。

应用该技术通常要选择一个专家队伍，他们来自工程项目管理办公室之外，对项目的某些特定的方面进行审查，审查的时机可以是项目阶段中(例如设计审查)或当项目遇到特殊的麻烦时。在后者的情形下，审查的结论或者导致项目管理做出重大的改进，或者起到对现行项目管理的支持并平息外界的批评、增加信心的作用。

该项评估一般应包括以下步骤：

(1)由一个更高级权力机构指示通过专家资源实施审查；

(2)对所提出的问题做出规定；

(3)成立审查队伍；

(4)收集所需的有关项目目标、问题、状况、资源和活动等的信息；

(5)分析所收集的信息；

(6)给应邀进行审查的权力机构和其他相应部门提供审查结果。

对专家来源的基本要求是：

(1)具备足够的相关技术和管理经验；

(2)不受现行工程项目利益的控制；

(3)不能来自利益相对立的集团。

有关文献介绍，实行独立技术评估时，项目管理人员要向来访专家提供有关信息，如简报、项目文件、安排访问和设施参观等；当审查队伍的人员从外埠来访时，要提供接待并安排后勤事宜、支付各种差旅费等。审查持续时间视需要而定，一般在 4～8 个星期之间。

关于审查结果的可靠性，据有关文献分析，其可靠性通常是比较高的，当然这取决于专家的素质与独立性、管理人员的合作等条件。对审查结果的要求是它必须对项目状况提供一个平衡而全面的分析，而不是将重点放在最不利的范围内，当审查结果指出某些待改进的缺陷而项目面临重大决策点，且没有时间对缺陷的改进做出响应时，这一点尤为明显。因此，审查的时机值得考虑。若审查发现问题，则在项目的关键决策点之前必须留有时间去纠正它们。

5.6　研制风险区块管理

风险区块技术是美国国防科学委员会从研制过渡到生产的特别工作组的一项研究成果，该工作组由美国陆、海、空三军及美国休斯飞机公司、利顿工业公司、洛克希德公司、贝尔实验室等大企业的高层次管理人员组成，该项成果首次完成于 1983 年 5 月。该项研究所采用的思路是独特而新颖的，以往对于武器装备的采办管理改革都是集中于改进采办方式、调整国防工业管理体制和要求国会对各种补偿进行立法等方面，而该研究则侧重于分析和定义研制项目的设计、试验和生产的具体的技术过程，即针对研制风险（技术的、费用的、进度的）所造成的不利后果建议寻求技术上的解决方式，这就有别于那种不涉及工程项目技术问题的诸如调整管理体制等“纯粹的”管理，并确认设计、试验和生产在工程过程中的中心地位。它代表人们为减少工程项目风险而做出的另一种努力。

根据该项研究成果，1985 年 9 月，美国国防部正式颁发编号为 4245.7 - M、名为“从研制过渡到生产”（Transition from Devel-opment to Production）的国防部指南。

5.6.1　指导思想

这个手册式的指南采用风险区块的“样板”（Template）方式，列出一个适用于各类武器装备研制过程的通用参照结构，它将武器装备的设计、试验和生产这 3 个阶段看作一个完整的、连续的过渡过程。此外，这个过程还涉及项目投资、设施、后勤及管理这 4 个领域。分别对这 7 个方面进行分析，得到 47 个相关的区域，它们被称为风险区块。该指南结合美国在武器系统和军事装备研制和生产中的经验教训，针对以上的每一个区块列出可能出现的各种风险因素，并指出避免或减少风险的途径和办法。

推荐的项目设计、试验和生产的样板结构如下，它首先提出项目资金问题，因为它影响所有其他的样板。

风险区块技术主要用于项目研制（包括生产）过程中对项目的技术风险进行辨识，借助于这种方式，可以将正在进行中的工程项目与那些样板进行比较，以帮助发现潜在的风险源，并判别管理决策和研制活动是否处在一个有效的、低风险的项目限制条件以内。

高风险区可以反映出项目管理的组织机构或支持机构能力上的不足，也可以反映出设计或研制过程中的技术难点。无论属于哪一种情况，风险管理都涉及利用工程管理手段去减少辨识出的风险。

由于是以实际经验为基础并且具有通用性，它可用于任何规模的工程项目的任何研制阶段，并且因为它将项目研制（包括生产）看作一个完整的过程，因此它所提供的解决方案反映项目研制周期的各个阶段的相互依赖关系。换句话说，工作的结果提供解决方案，它们可以降低整个工程项目的总风险，而不是只解决短期问题。作为一个例子，美国海军航空兵常常要求其项目承包商在征求意见书（Request For Proposal，RFP）的形成过程中就使用这种技术，以提供其工程项目的风险信息。

与其他管理方式相比，该技术描述研制过程并提供项目研制具体的技术活动和控制信息，而不仅仅是一种管理模式和原则，因而采用该技术，不必对当前的项目研制管理格局和研制程序进行任何修改及调整，这无疑也增强了它的适用性，从某种意义上讲，也是它的优点之一。下面，对其投资强度（资金）样板以及设计阶段的部分样板进行分析。

5.6.2 对投资强度样板的分析

在费用方面，研制费用的投入强度不足是主要的风险区，主要包括早期的研制经费的投入强度不足和研制（过渡到生产）后期的生产资金准备不足。

减少风险的要点如下。

（1）对重大项目的设计和研制工作应给予充分的投资，尤其要在最初几年内给整个研制投资提供一个合理的比例。在实际工作中，一般很少有哪个项目能得到理想的投资比例，一旦项目匆匆上马，这种早期的短缺现象就会更加严重。

在这种情况下，即使使用追加投资，也无法使项目恢复到理想状态。因此，将一个项目的投资计划与理想曲线相比较，就能确定第 1 种类型的投资风险。

（2）降低第 2 种投资风险的方法是，在研制还在进行时，就为早期的生产准备好资金，即为工装、材料和生产线启动等准备好资金。资金准备过于滞后将导致采办周期过长；资金准备过于超前则会使项目研制与生产的过度并发进行，将导致费用的额外支出。每项计划都有最佳的中间地带，由此即可得到低风险的项目进程。

能否尽早得到项目研制和生产的充足的经费，对项目的研制和生产来说是十分重要的，在项目的每个年度预算周期内必须保持适当的集中投资，以减少投资中产生的风险。

此外，项目研制的情况多种多样，理想的投资曲线也不是唯一的，例如有的资料对某类项目推荐过如图 5.2 所示的投资模式。

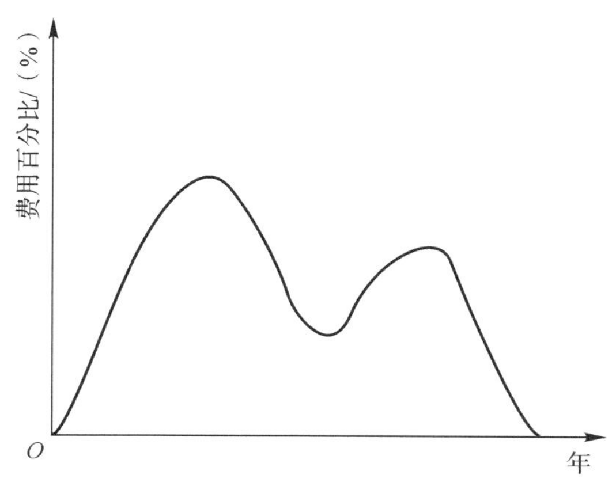

图 5.2　一种理想的投资曲线

因此，要重视这个问题，对各类项目的投资需求进行仔细的分析，对大型重点项目还可利用某些技术如 VERT 方法确定其各年度的投资强度。

实际上，任何阶段的投资强度低于理想要求都会给项目研制带来技术和进度等方面的风险，这反映了计划与国防资源不适应，其结果反而是浪费资源。例如，美国国防部 1986 年初透露，由于将 AF－64“阿帕奇”攻击直升机研制计划的经费减少到 1986 年预算计划以下，导致该计划的经费增加了 1.25 亿美元。

5.6.3　对设计阶段样板的分析

设计样板一共包括 14 个风险区块，分别是设计要求、设计基准、任务剖面、权衡研究、设计方针、设计过程、设计分析、设计审查、机内测试、测试设计、计算机辅助设计、零件和材料选用、技术状态控制、软件设计和设计发放。

对这 14 个风险区块的分析格式相同：首先提出风险范围，其次给出减少风险的要点，最后进行说明和讨论。例如，对于设计要求，其风险范围集中在那些难以量化表达，而又容易模糊表达的设计要求方面。减少风险的要点包括以下四个方面：

（1）设计要求的制定与设计引用的任务剖面的制定要同时进行，在招标书中要完整地规定设计要求，目的是使对承包商的选择基准成为投标者满足这些要求的手段，并允许军方对研制单位的设计方针进行鉴定。在设计要求中，要规定完整的设计引用的任务剖面。

（2）采用能在设计过程中度量的参数来表示主要设计要求，这些参数在设计过程中可以通过试验或者模拟设计加以测量。概率统计型的指标要由扩展至系统级的试验来检验它们是否能满足设计要求。

（3）当特定的定量系统要求的实现依赖于一组预先定义的任务的执行情况时，在合同中要包括为完成这些任务提出的项目计划，它们适用于系统结构分析、重量控制、可行性、维修性、系统安全性、防腐、系统标准化，以及诸如此类的活动。

（4）项目承包商有责任使转包商和供货商得到完整而明确的设计要求，这些要求是从诸如系统可度量的性能（可测参数）和预先确定的任务性能等用户要求分解而来的。

在任务剖面的制定方面，其风险主要在于选定的任务剖面与产品最终使用的任务剖面的不一致性，这种不一致性通常是由承包商而不是由军方来制定产品的任务剖面。减少这类风险的措施如下：

（1）由军方而不是由研制单位来制定任务剖面。

（2）编制功能任务剖面和环境任务剖面。功能任务剖面以时间表来表示系统为完成任务而必须实现的全部功能，用表格的形式列出各种可能任务的所有功能。环境任务剖面以时间度量来表示系统为完成任务而必须优先考虑的重要的环境因素和限制，这些环境因素可能对作战使用或系统的生存性产生影响。环境任务剖面确定武器系统必须工作的整个环境，包括储存条件、维护运输和作战使用条件。

该区块涉及武器系统任务剖面的概念，现综合有关资料介绍如下。

编制武器系统任务剖面需分析其作战每一阶段的任务概貌，包括两方面的内容：一是环境剖面，即包括系统硬件和软件所受到的环境应力水平和持续时间（见表5.5）；二是任务周期剖面，即间歇工作的情况。

表 5.5　环境剖面通用的表格

任务阶段：　　　　　　　　　　　　　　阶段持续时间：
空间或距离：

系统名称	功能	有关的硬件和软件	功能和时间长度	成功准则	任务周期

为编制任务剖面，分析者首先要把系统每一个阶段的工作方式列成表格，然后把每一阶段的每一方式所需的功能与相应的硬件和软件填入表中。

(1)环境剖面。环境剖面是任务剖面的重要内容，它将每一任务阶段里的每一硬件在环境(如温度、振动、冲击、加速、辐射等)应力中预期的暴露时间列成表。

环境剖面包括诸如每个任务的最小持续时间，以及在每一任务阶段里施加给每一单元的每种环境应力的下限。

因此，环境剖面所包含的信息对于设计活动和安排试验是有价值的。这些活动将保证设计的硬件在包括运输、储存、装卸和检验在内所有的任务阶段以及在使用中遇到的各种环境里，都具有工作能力，并保证硬件能经受住综合试验计划中由试验或分析，或由二者验证的环境应力。

软件不要求确定环境剖面，它由各种指令组成，指令不随储存工具而改变，因此它不受环境应力的影响。但是储存软件的硬件却常常受环境应力(例如磁场或电磁场)的影响，如果不能正确地保护储存器件，那么不利的环境就会部分地甚至全部地损毁正确的软件程序，但这是属于硬件的问题。

(2)任务周期剖面。任务周期剖面反映每个任务阶段系统中每个组成单元(系统部件等)的状态(工作的、不工作的或间歇工作的)，它至少包括：

1)每一任务阶段的持续时间、距离、周期数等；

2)各个单元在每一任务阶段里必需的功能，并包括成功准则的说明；

3)在各任务阶段里每一状态(工作的、不工作的或间歇的)总的预期时间、周期数等。

参考文献

[1] TESTORELLI R, FERREIRA D A L P, VERBANO C. Fostering project risk management in SMEs: an emergent framework from a literature review[J]. Production Planning & Control, 2022, 33(13): 1304 - 1318.

[2] 胡蕴博. 基于风险分析的民用飞机应急撤离研究[J]. 中国科技信息, 2022(18): 50 - 53.

[3] 熊承成, 李晓昕, 党兴华. 基于因子分析的武器装备质量水平评价[J]. 航空标准化与质量, 2022(4): 48 - 52.

[4] 侯炜, 韦国军, 齐分岭, 等. 航天装备试验效能指标体系优化研究[J]. 设备管理与维修, 2022(15): 26 - 28.

[5] 徐莉. 探讨光伏发电工程项目的成本管理[J]. 商业观察, 2022(22): 60 - 62.

[6] GORELOV B A, BURDINA A A, BONDARENKO A V. Influence of country project risks on the strategic security of innovative aviation projects[J]. Russian Engineering Research, 2022, 42(6): 626 - 629.

[7] ZHONG P, YIN H, LI Y F. Analysis and design of the project risk management system based on the fuzzy clustering algorithm[J]. journal of control science and engineering, 2022, 2022(1): 9328038.

[8] 邢云燕, 蒋平, 姜江. 美军 C - RAM 装备体系试验鉴定发展及启示[J]. 国防科技, 2022, 43(3): 15 - 20.

[9] 刘文红, 郭栋, 董冠涛, 等. 航天装备软件试验鉴定工作浅析[J]. 网信军民融合, 2022(5): 18 - 20.

[10] 宋佳林. 低透气性煤层增透技术与装备试验研究[J]. 能源与节能, 2022(6): 24 - 25.

[11] VEGAS F F. Project risk costs: estimation overruns caused when using only expected value for contingency calculations[J]. Journal of Management in Engineering, 2022, 38(5): 1 - 16.

[12] 叶丽. 航空武器装备服务保障业务变革[J]. 航空维修与工程, 2022(6): 28 - 30.

[13] 王新宇,郭齐胜.虚实结合的地面无人装备体系试验平台研究[J].计算机仿真,2022,39(6):15-20.

[14] 王军林,张正成,王栋梁,等.常规武器靶场试验中的试验数据体系构建[J].指挥控制与仿真,2022,44(3):106-109.

[15] 付朝博,蔡卓函,冯琦琦,等.装备体系平行试验基本概念及流程设计[J].装甲兵学报,2022,1(3):50-55.

[16] 冯慧.浅析工程总承包项目财务风险管理面临的问题与对策[J].质量与市场,2022(11):40-42.

[17] 叶际文,吴俊.基于试验及鉴定程序的直升机装备项目管理探讨[J].科技与创新,2022(11):111-113.

[18] 陈肖艳.建筑工程总承包项目管理存在的问题及优化措施[J].居舍,2022(15):110-112.

[19] ERMOLAEVA E N,KADYKOVA A A. Assessing project risks[J]. Russian Engineering Research,2022,42(4):416-419.

[20] 王海鑫.民航机场鸟情采集与鸟击风险评估系统的设计与实现[D].广汉:中国民用航空飞行学院,2022.

[21] 赵彩,许大炜.基于层次分析法的网络涉密信息风险评估系统设计[J].电子设计工程,2022,30(7):91-95.

[22] 武小悦,杨克巍,王新峰,等.装备试验鉴定人才能力素质构成分析[J].高等教育研究学报,2022,45(1):36-39.

[23] KILINC S M. Assessing the risks and success factors of telehealth development projects in an academic setting[J]. International Journal of Health Systems and Translational Medicine (IJHSTM), 2022, 2 (1): 137-152.

[24] VASILIEV A, VASILIEVA N, TUPKO N. Development of a systems approach to assessment of investment project risks: risks of unacceptably low project profitability[J]. Eastern-European Journal of Enterprise Technologies,2022,1(4):77-86.

[25] 王凯,蒲伟,郭苏,等.装备体系试验理论框架探析[J].装甲兵学报,2022,1(1):50-55.

[26] 潘雪霖,陆佳星,张武军,等.基于GB/T 31509—2015的风险评估模型设计[J].信息安全研究,2022,8(1):93-100.

[27] 陈俞龙,鞠进军,涂建刚,等.一种装备试验综合支持系统设计[J].现代电子技术,2022,45(1):24-29.

[28] 王振宇.美国防情报局“机器辅助分析快速存储系统”项目风险管理研究[J].中国军转民,2021(24):52-55.

[29] 赵芳,吕亮,张玙斌,等.陆军装备作战评估一体化研究[J].工程与试验,2021,61(4):29-30.

[30] 郭旭,李鹏宇.大型航标船网络安全风险评估[J].珠江水运,2021(20):49-51.

[31] 陈旭辉,李其祥,张洪.外军武器装备作战试验现状及特点[J].科技与创新,2021(18):144-145.

[32] 薛卫,耿琳,郑超,等.美军装备试验鉴定技术发展需求生成问题研究[J].测控技术,2021,40(9):16-23.

[33] 肖永乐,程翔.美军武器装备作战需求生成机制分析与思考[J].空天防御,2021,4(3):110-114.

[34] 杨春周,王曼曼.航天装备一体化试验模式创新构想探讨[J].计算机测量与控制,2021,29(8):238-244.

[35] 薛卫,谢伟朋,郑超.装备试验鉴定技术需求生成理论研究[J].中国电子科学研究院学报,2021,16(8):839-843.

[36] 朱拥勇,张恺,李宗吉.装备试验类专业的知识能力结构及其差异性分析[J].现代职业教育,2021(33):198-200.

[37] 罗弋洋,赵青松,李华超,等.武器装备运用知识框架及建模方法[J].系统工程与电子技术,2022,44(3):841-849.

[38] 昭荀,古先光.美军装备试验鉴定现代化的发展演变[J].军事文摘,2021(15):12-17.

[39] 赵莘梓,杜军涛,马利.武器装备研发成本补偿引入保险机制[J].国防科技,2021,42(3):72-76.

[40] 郝钢,梁涛,赵云,等.基于风险管理的装备质量与进度监督方法[J].清洗世界,2021,37(6):99-100.

[41] 杨东昌,马永忠,宋科.武器装备体系需求论证研究[J].中国设备工程,2021(12):250-251.

[42] 汪浩洋,吴伟,向超,等.武器装备测试数据立方体模型的构建[J].计算机测量与控制,2021,29(9):142-146.

[43] 虞业泺,施敏华,邓洛风,等.卫星装备试验鉴定数据质量评价技术及实现[J].计算机测量与控制,2021,29(8):233-237.

[44] 张滕飞,金晓辉,朱汗青.基于改进朴素贝叶斯的武器装备性能预测[J].军事交通学院学报,2021,23(5):22-26.

[45] 王海滨. 军事装备试验鉴定中项目管理的实践与应用[D].南昌:南昌大学,2021.

[46] 孙宇航,杨莉.基于装备试验数据的信息管理平台建设研究[J].国防科技,2021,42(2):133-137.

[47] 李永哲,李大伟.美军装备试验鉴定发展历程分析及启示[J].国防科技,2021,42(2):47-54.

[48] 袁泉,张立.美军舰船装备试验鉴定资源合理利用分析[J].船舶物资与市场,2021,29(4):106-108.

[49] 郭凯,胡旖旎.航天装备试验鉴定案例分析:天基红外系统[J].航天返回与遥感,2021,42(2):79-84.

[50] 许芝芹,刘琦,黄力,等.装备试验与评价系统工程管理知识体系的设计[J].航天制造技术,2021(1):61-66.

[51] 韦正现.智能装备试验与测试的挑战与对策思考[J].测控技术,2021,40(2):1-5.

[52] 张鹏,曹晨.新时期武器装备试验鉴定特点分析与启示[J].中国电子科学研究院学报,2021,16(1):87-92.

[53] WANG J J,CHEN H,MA J,et al. Research on application method of uncertainty quantification technology in equipment test identification [J]. MATEC Web of Conferences,2021,336:25-28.

[54] 陈浩,王佳佳.装备试验评估的应用与发展[J].中国设备工程,2020(22):250-251.

[55] 付朝博,段莉.装备试验现状及发展趋势[J].价值工程,2020,39(27):

157－159.

[56] 白旭.基于自动化测试技术的通信装备试验过程质量控制方[J].信息通信,2020(9):73－75.

[57] 何洋,林屹立,周思卓.美军航天装备作战试验鉴定策略研究及案例分析[J].航天器环境工程,2020,37(4):408－413.

[58] 姜盛鑫,韩天龙,陆宏伟,等.美军航天装备试验鉴定体系措施分析与启示[J].航天工业管理,2020(8):60－62.

[59] 刘琦,孙智信,黎新才,等.装备试验与评价的系统工程管理技术[J].国防科技,2020,41(1):50－56.

[60] 刘振.高新技术企业技术创新风险控制体系构建研究[D].郑州:河南工业大学,2019.

[61] 李楠.神经内科危重患者存在的护理风险评估和处理[J].中西医结合心血管病电子杂志,2019,7(25):108.

[62] BO Y,DU Z Y,LIAO X J. The power analysis technique in determining sample size for military equipment test and evaluation[J]. IOP Conference Series: Materials Science and Engineering,2019,573:012008.

[63] 王静.项目风险规避方法与配套管理制度分析[J].今传媒,2018,26(6):62－65.

[64] SHIBANOV G P. Methodological approach to testing of the arms and military equipment in the conditions of limited resources[J]. Mehatronika, Avtomatizacia, Upravlenie,2017,18(2):122－127.

[65] 谢宗晓,刘立科.信息安全风险评估/管理相关国家标准介绍[J].中国标准导报,2016(5):30－33.

[66] APPAVURAJ R. Development in test and evaluation of armaments [J]. Defence Science Journal,2014,64(6):497.

[67] WEI G L, CHEN Y X. Weaponry equipment risk management based on adaptive fuzzy neural network and ant colony optimization[J]. Journal of Convergence Information Technology,2013,8(5):1075－1082.

[68] 洛刚,王作涪,孙涛.关于建立装备试验质量管理体系问题探讨[J].装

备指挥技术学院学报,2007,18(1):16-19.

[69] 刘子文,张少杰,孙巍.高新技术创新风险决策VERT法及实证研究[J].科学学与科学技术管理,1995,16(6):35-38.

[70] 朱云风,顾昌耀,梁叔平.VERT仿真风险分析在空间运输系统评价中的应用[J].管理工程学报,1990,4(2):19-24.

[71] 周厚贵.应用风险评审技术(VERT)进行水利工程施工风险分析的探讨[J].水利经济,1988(4):44-46.